配电线路工 标准化 作业指导书

北京首电人才服务有限公司 组编

（高级工）

中国电力出版社

CHINA ELECTRIC POWER PRESS

内 容 提 要

为了认真落实国家电网有限公司业务部署，坚持以服务人才培养为导向，国网北京市电力公司于 2021 年组织开发《配电线路工标准化作业指导书》丛书，本丛书由北京首电人才服务有限公司技能鉴定部编写。

本书为《配电线路工标准化作业指导书（高级工）》，包括 10 项高级工操作项目，分别是：10kV 配电线路独立挡导线弧垂调整（一相）、更换 10kV 线路悬式绝缘子（一片）、更换 10kV 线路隔离开关（一相）、更换 10kV 变压器台跌落式熔断器、更换 10kV 线路氧化锌避雷器（一相）、1800mm 耐张横担安装操作、安装 1800mm 梭形耐张横担、更换 10kV 直线杆 1400mm 横担、带电测量 10kV 配电变压器接地电阻、GJ-70mm^2 拉线的悬挂及 UT 线夹制作。

本丛书可供人力资源管理人员、职业技能培训、技能等级评价及考评人员使用。

图书在版编目（CIP）数据

配电线路工标准化作业指导书：高级工／北京首电人才服务有限公司组编 . —北京：中国电力出版社，2021.12

ISBN 978-7-5198-6094-3

Ⅰ.①配… Ⅱ.①北… Ⅲ.①配电线路－标准化－技术培训－教材 Ⅳ.① TM726-65

中国版本图书馆 CIP 数据核字（2021）第 212480 号

出版发行：　中国电力出版社
地　　址：　北京市东城区北京站西街 19 号（邮政编码 100005）
网　　址：　http://www.cepp.sgcc.com.cn
责任编辑：　王　南（010-63412876）
责任校对：　黄　蓓　王海南
装帧设计：　张俊霞
责任印制：　石　雷

印　　刷：　三河市万龙印装有限公司
版　　次：　2021 年 12 月第一版
印　　次：　2021 年 12 月北京第一次印刷
开　　本：　787 毫米×1092 毫米　16 开本
印　　张：　17
字　　数：　304 千字
印　　数：　0001—1500 册
定　　价：　98.00 元

委员会

主　　任　王　鹏

副主任　徐　驰　郭建府

委　　员（按姓氏笔画为序）

　　　　凡广宽　马光耀　王志勇　王桂哲　仝瑞峰　冯海全

　　　　祁　波　李华春　张　达　林　涛　康　琦

编写组

主　　编　彭新立　王月鹏

委　　员（按姓氏笔画为序）

　　　　刘　晔　刘长江　刘秀华　李孟东　杨红青　张　强

　　　　武广泉　胡　民　胡秀婷　姜小青　梁　颖

　　为了认真落实国家电网有限公司业务部署，坚持以服务人才培养为导向，充分运用先进人才培养理念和现代技术手段提升国家电网公司技术及技能人才综合实力，提高培训、技能等级评价的考试质量，国网北京市电力公司于 2021 年组织开发了《配电线路工标准化作业指导书》丛书，并由北京首电人才服务有限公司技能鉴定部编写。

　　本书为《配电线路工标准化作业指导书（高级工）》，内容以技能等级评价标准和相关技术规范为依据，紧密结合北京电力生产现实要求，遵循操作步骤简洁明确、重点难点清晰的原则，覆盖相应岗位作业项目共计 10 项。这 10 项高级工的操作项目分别是：10kV 配电线路独立挡导线弧垂调整（一相）、更换 10kV 线路悬式绝缘子（一片）、更换 10kV 线路隔离开关（一相）、更换 10kV 变压器台跌落式熔断器、更换 10kV 线路氧化锌避雷器（一相）、1800mm 耐张横担安装操作、安装 1800mm 梭形耐张横担、更换 10kV 直线杆 1400mm 横担、带电测量 10kV 配电变压器接地电阻、GJ–70mm^2 拉线的悬挂及 UT 线夹制作。

　　《配电线路工标准化作业指导书》丛书可供人力资源管理人员、职业技能培训、技能等级评价及考评人员使用。作为技能培训教材，便于培训师对相应岗位员工作业操作的重点难点进行剖析，也可作为技能员工自学的参考书籍。本书为技能人员的日常工作提供了标准化的指导，可以令其保质保量地完成线路运营维护工作，同时实现生产安全，提高工作效率。

　　《配电线路工标准化作业指导书》丛书存在的不足之处，敬请读者批评指正，并提出宝贵意见。

编　者

2021 年 8 月

本书适用范围

（1）为了提高配电线路工作质量，提高配电线路人员职业能力，规范配电线路工的职业技能培训和评价工作，特编制本指导书。

（2）本指导书规定了配电线路工（高级工）应具备的职业技能知识。

（3）本指导书是配电线路工（高级工）的培训、鉴定依据。

（4）本指导书适用于从事配电线路职业的生产技能人员。

前言

配电线路作业指导书（公共部分）

 一、着装要求

（1）安全帽。

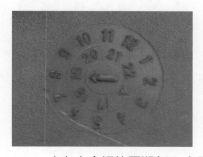

正 确 应在安全帽的周期（30 个月）内使用，图中箭头指向年和月或箭头两侧为年指向为月

错 误 2017 年 11 月生产，至 2021 年 4 月已超过使用期限

正 确 安全帽应无破损，配件齐全

错 误 安全帽破损，配件缺失

正 确 应系好安全帽下颏带，且应松紧适度，安全帽不脱落

错 误 安全帽未系下颏带，或下颏带松弛

（2）工作服。

正 确 进入现场应穿着全套纯棉工作服和绝缘鞋

错 误 未穿纯棉工作服或穿非绝缘鞋

正　确 工作服的纽扣应扣好（风纪扣除外）

错　误 着装不整齐，防护部位缺失

（3）绝缘鞋。

正　确 应系好、系牢绝缘鞋鞋带，便于工作中行走

错　误 鞋带未系好，易绊倒、跌倒

（4）手套。

正 确 现场工作应戴纯棉手套

错 误 非电力用纯棉手套

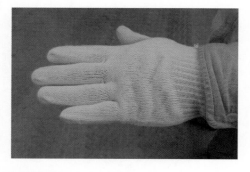

正 确 手套无破损，严密手部保护

错 误 手套有破损，手指缺少保护

二、登杆工具要求

（1）脚扣。

正确 每年进行一次静压力为 1176N，且持续时间为 5min 的静负荷试验检验，且在合格周期内，周期标签应齐全清晰

错误 无周期检验标签，已超过检验周期

正确 脚扣无变形，弯臂与电杆咬合稳定，能够可靠抱住电杆

错误 脚扣变形，弯臂弧度大于电杆直径，对电杆抱握力不足，容易打滑

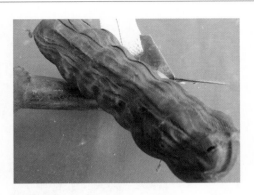

正确 脚扣小爪橡胶无开裂，满足人员登杆过程与电杆的摩擦力

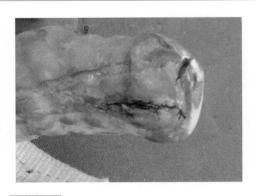

错误 脚扣小爪橡胶开裂，形成金属与水泥电杆接触，摩擦力不能满足人员登杆的需要，容易打滑

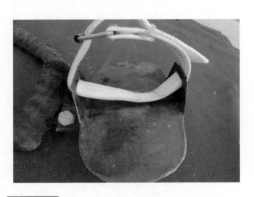

正确 脚扣带完好无损伤，能够带动脚扣进行登杆

错误 脚扣带破损，人员登杆过程中脚扣容易断裂，从而造成人员顺杆滑下危险

正确 固定小爪的螺栓应紧固

错误 固定小爪的螺栓未紧固，即将脱落

（2）全方位安全带。

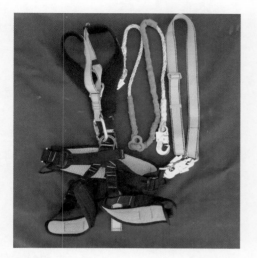

正　确 安全带的大带、围杆带及后备保护绳等部件齐全

错　误 安全带无后备保护绳，使用时缺少一道保护

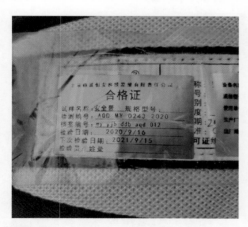

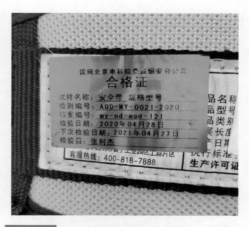

正　确 安全带应每年进行一次静负荷试验，围杆带的静负荷试验为2205N/5min、护腰带的静负荷试验为1470N/5min，使用前应检查在检验合格周期内

错　误 未定期进行检验或超过检验周期的，禁止使用

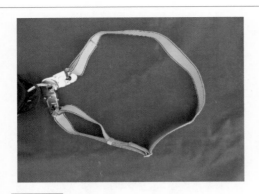

正 确 围杆带无开丝断股或灼伤

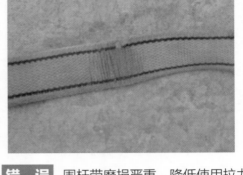

错 误 围杆带磨损严重，降低使用拉力

正 确 扣环保险有效，能够自动封口

错 误 扣环保险失效，因卡涩或变形不能自动封口

（3）传递绳。

正 确 无断股、烧伤，满足提升工具时所承受的拉力

错 误 有断股，在提升工具时易发生断裂，造成工具坠落

三、电杆、拉线的检查

错 误 未检查电杆是否倾斜

正 确 从线路的横、顺两个方向检查电
杆竖直无倾斜

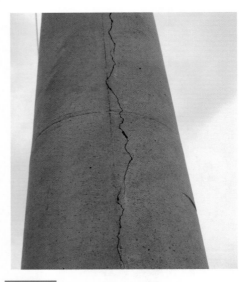

正 确 登杆前检查杆身应无纵向裂纹

错 误 未检查杆身纵向裂纹

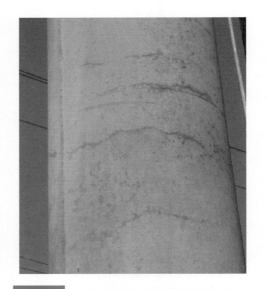

正 确 杆身的横向裂纹不大于裂纹位置
电杆周长的 1/3

错 误 未检查杆身横向裂纹的长度

正确 通过 3m 线测量电杆埋深，且埋深满足 1/10 杆长 +700mm

错误 未通过 3m 线测量电杆埋深，或埋深不满足 1/10 杆长 +700mm

正确 通过观察顺拉线或晃动拉线，检查拉线受力良好

错误 拉线松弛或未检查拉线受力

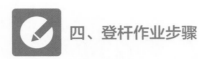 四、登杆作业步骤

正 确 对后备保护绳进行人体冲击检查，且确认良好

错 误 未对后备保护绳进行人体冲击检查

正 确 检查安全带围杆带的扣环扣好，保险有效

错 误 未检查安全带围杆带扣环是否扣好

错 误 第一步登杆时，未对脚扣进行
人体重量冲击试验检查

正 确 第一步登杆时，应对脚扣进行
人体重量冲击试验检查，确认
脚扣完好

正 确 第一步登杆时，应对安全带进
行人体冲击检查

错 误 第一步登杆时，未进行冲击检
查试验

正确 2m 及以上应系好安全带

错误 2m 及以上未系好安全带，人员失去保护

正确 登杆过程两只脚扣不互碰

错误 登杆过程两只脚扣互碰，容易造成顺杆滑下的危险

错　误 穿越障碍时未拴后备保护绳，人员失去安全保护

正　确 穿越障碍时应使用后备保护绳，确保人员全程不失去安全保护

01

操作项目

10kV 配电线路独立挡导线弧垂调整（一相）

一 任务描述

调整 10kV 配电线路独立挡导线弧垂（一相）。

（1）使用紧线器调整 10kV 配电线路独立挡导线弧垂（一相）。

（2）施工前检查导线、电杆及拉线应力。安装临时拉线应满足应力要求。

（3）导线弧垂调整及绝缘子固定都应满足施工质量标准。

（4）操作项目 1 由单人登杆独立完成，操作过程不得失去后备保护。

（5）登杆工具外观合格，且应在检验周期内，使用全方位安全带。

（6）操作过程中不应发生跑线等情况。

（7）所工作的线路已停电，地线已挂好。

（8）检查现状导线弧垂状况。

二 操作时限

 操作时限：30min。

三 操作要点及其要求

 1. 操作要点

（1）安全工器具、施工机具的检查。

（2）紧线器与后备保护的安装。

（3）耐张线夹内导线的固定。

（4）连接受力的检查。

（5）不发生跑线。

2. 操作要求

（1）安全工器具（脚扣、安全带）应由有资质单位出具的检验周期标签。脚扣无变形、橡胶无开裂或磨损严重、小爪活动灵活、脚扣带无破损且松紧适度。安全带部件齐全无开丝断股、铆钉无严重磨损、扣环保险有效且活动灵活。

（2）施工机具（紧线器、卡线器、后备保护绳、承力绳套）外观无破损、部件齐全、转轴灵活。紧线器制动有效，绳、链、带无断股或严重挤压变形，吊钩无磨损且保险有效。卡线器钳口无磨平、转轴灵活。后备保护绳荷载满足要求、无断股，长度满足使用要求；承力绳套无断股或严重挤压变形，荷载满足使用要求。

（3）在耐张线夹上安装紧线器，挂钩应可靠封口。

（4）在导线上安装卡线器，应将靠口封闭。

（5）适当收紧紧线器随时观察弧垂调整情况，不应过牵引。

 四 准备工作

 1. 项目场地要求

如室内室外场地，线杆的要求，场地空间要求等。

（1）现场架设线路 2 基，采用 ϕ190×12m 电杆，杆型依次为终端杆、终端杆；导线水平排列。

（2）架设 JKLYJ—95^2 导线。

（3）耐张线夹为楔形耐张线夹。

 2. 项目设备要求

（1）工作点两侧控制的开关、断路器、熔断器或隔离开关已拉开并悬挂"禁止合闸，线路有人工作"标识牌。

（2）工作点应在地线保护范围内。

（3）工作线路挡距内的交叉跨越满足安全距离。

 3. 项目工具要求

（1）紧线器。

正 确 吊钩、链条、传动装置及刹车
装置良好

错 误 部件缺失

正 确 克拨灵活，制动有效

错 误 克拨失灵，不能有效收紧链条

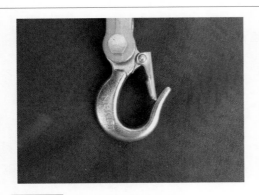

| 正 确 | 吊钩封口完好可靠 | 错 误 | 防脱保险失灵，易造成所钩物品脱落 |

（2）卡线器。

| 错 误 | 使用裸导线卡线器，不能加持绝缘导线，易跑线 |

| 正 确 | 卡线器钳口无磨平，可有效加持绝缘导线 |

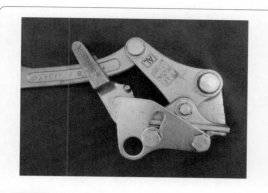

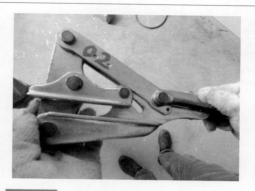

| 正 确 | 使用的卡线器正确 | 错 误 | 选择的卡线器不正确 |

（3）弧垂观测板。

| 正 确 | 颜色清晰，便于远处观看 | 错 误 | 无颜色，观察不清晰 |

（4）木锤或橡胶锤（楔形耐张线夹用）。

| 正 确 | 锤头不脱落 | 错 误 | 锤头松动，操作时易脱落 |

危险点及安全措施

 1. 危险点描述

（1）触电。

1）误登带电杆塔造成人员直接触电或感应触电。

2）未采取停电、验电、封挂接地线而感应触电。

（2）高摔。

1）人员失去安全保护，由高处坠落。

2）脚扣打滑，人员由高处顺杆滑落。

（3）物品坠落。

1）工具材料由高空坠落。

2）工器具坠落后碎裂伤人。

（4）倒杆。

1）埋深不足或裂纹严重，造成电杆横线路倾倒。

2）拉线受损、大幅度晃动造成电杆倾倒。

 2. 安全措施

（1）针对触电采取的安全措施如下。

1）核对路名、色标、杆号，保证正确无误。

2）确认工作线路已停电、验电、装设接地线。

3）如有需要穿越的线路也已停电、验电、装设接地线。

4）地线保护范围内无临近交叉的线路。

5）有风天气（不大于5级）应在作业点补挂一组接地线。

（2）针对高摔采取的安全措施如下。

1）登杆前对脚扣、安全带做冲击检查试验。

2）登杆第一步开始全程使用安全带，不得失去安全保护。

3）到达工作位置后应先系好后备保护绳。

4）登杆过程防止脚扣打滑。

5）安全带及后备保护绳不应低挂高用。

6）穿越障碍时不得失去安全保护。

7）不得使用单只脚扣进行作业。

（3）针对物品坠落采取的安全措施如下。

1）上下传递物品应使用传递绳。

2）工具、材料未挂牢前不得失去绳索保护。

3）绳索系扣正确，

4）工具材料接触地面时应轻缓。

（4）针对倒杆采取的安全措施如下。

1）登杆前检查电杆无横纵向裂纹，埋深满足要求。

2）检查拉线受力正常。

3）收紧导线时不应过牵引，随时观察弧垂情况。

4）卡线器安装完毕应检查安装情况。

 六 项目操作步骤

 1. 具体操作步骤

（1）到达作业位置。

正 确 选择作业位置合理，胸部应与作业点平

错 误 站位过低，不满足工作需要

正 确 后备保护应拴在围杆带之上，减小坠落距离

错 误 后备保护绳拴在围杆带之下，增加坠落距离

正 确 承重腿在作业侧，便于操作

错 误 承重腿未在作业侧，不便于操作

（2）工具传递。

正 确 将传递绳固定在可靠位置

错 误 传递绳不应背在身上，防止物品掉落带动人员坠落

正 确 系紧线器的绳扣应使用背扣

错 误 不应使用单结扣，受力后易松脱

正 确 传递绳在传递物品过程不缠绕

错 误 传递过程传递绳缠绕物品，不便于解开

（3）安装紧线器。

正 确 为防止物品掉落，应先固定在解开传递绳

错 误 先解开传递绳，易造成物品脱落

正 确 紧线器绳、链放开长度应满足收紧导线的要求

错 误 紧线器放链开长度过小，影响调整垂度

正 确 紧线器钢丝绳不应互绞，链条不得系扣，且不应缠绕导线

错 误 钢丝绳互绞增加钢丝绳的磨损，链条系扣极大降低使用应力。与导线缠绕，损伤导线

正 确 卡线器握线槽应与导线贴合紧密

错 误 卡线器握线槽与导线未贴合

正 确 卡线器应封口，防止在收紧导线过程脱落

错 误 卡线器未封口，易脱落

（4）安装弧垂观测板并观测导线调整距离。

正 确 根据挡距、导线型号和气温比对弧垂，安装固定弧垂观测板，并观测弧垂

错 误 未安装弧垂观测板，易造成导线弧垂过紧或松弛

（5）预收紧导线。

正 确 紧线器放开长度应满足收紧导线长度

错 误 紧线器放开长度不满足要求，需要重新放开紧线器进行收紧，增加操作时间

正 确 收紧紧线器至满足拆装耐张线夹楔块

错 误 预收紧导线不足

正 确 冲击检查紧线器受力良好后，才能打开导线固定

错 误 松开导线固定前，未冲击检查紧线器受力情况，如紧线器突然断裂造成跑线

（6）调整弧垂。

正 确 通过弧垂观测板观测弧垂弧度，且弧度满足质量要求

错 误 未通过弧垂板观测弧垂弧度

（7）松开导线固定。

正 确 使用木锤或橡胶锤敲开楔形耐张线夹楔块，防止损伤楔块和金属镀锌层

错 误 未使用木锤或橡胶锤，或用扳手敲击

（8）导线固定。

正 确 使用木锤或橡胶锤锤击将楔块敲实

错 误 使用扳手敲击楔块

正　确 楔块应对正对齐，确保受力均
匀，夹持导线牢固

错　误 两楔块错开，受力不均匀，未
夹持导线

正　确 松开紧线器至轻微不受力

错　误 松开紧线器过长

| **正 确** 冲击检查导线及耐张线夹连接受力情况 | **错 误** 未进行冲击检查 |

（9）复测。

| **正 确** 再观测弧垂满足质量要求（误差不应超过设计时的 ±5%，水平排列时弧垂相差不应大于50mm） | **错 误** 未观测弧垂，或弧垂不满足质量要求 |

（10）拆除紧线器。

| **正 确** 松开紧线器，取下紧线器 | **错 误** 松开紧线器，取下紧线器 |

（11）调整引线。

正　确　检查引流线相间大于 300mm、对地距离大于 200mm 要求，不满足要求时应重新制作

错　误　未调整引线，引线对地安全距离小于 200mm

（12）工具传递。

正　确　系好传递绳，再取下紧线器

错　误　拆除前未系好传递绳

正　确　将紧线器、卡线器先传至地面

错　误　人员背工具下杆

2. 工作完毕后回检

（1）杆上无遗留。

（2）引线与临相及对地的安全距离满足要求。

（3）导线固定牢固。

回检。

正 确 杆上无遗留工具、材料

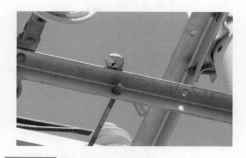

错 误 杆上有遗留工具、材料

七 项目收尾工作

  1. 设备复原

（1）拆除接地线。

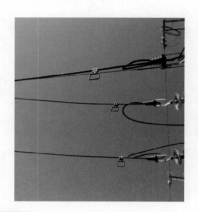

正 确 应拆除的接地线已全部拆除

错 误 应拆除的接地线未拆除

（2）标识牌。

正　确　拆除"禁止合闸，线路有人工作"标识牌

错　误　未拆除"禁止合闸，线路有人工作"标识牌

（3）送电。

正　确　拉开的断路器、隔离开关已合上

错　误　拉开的断路器、隔离开关未合上

2. 工具复原

| 正 确 | 工具应分类放置，码放整齐，检查工具有无损坏。清点工具有无遗漏或丢失 | 错 误 | 工具、材料混放，且未检查 |

 ## 3. 现场清理

| 正 确 | 工具、材料分类摆放，场地整洁 | 错 误 | 现场凌乱 |

重点难点

正 确 卡线器握线槽应与导线紧密贴合，且封口到位

错 误 卡线器握线槽没有与导线贴合，造成紧线器收紧后扭伤导线

正 确 冲击检查紧线器受力良好后，才能打开导线固定

错 误 松开导线固定前未进行冲击检查紧线器受力情况，如紧线器突然断裂造成跑线

操作项目

更换 10kV 线路悬式绝缘子（一片）

任务描述

（1）使用紧线器更换 10kV 配电线路悬式绝缘子（一片）。

（2）施工前检查导线、电杆及拉线应力。如安装临时拉线应满足应力要求。

（3）更换绝缘子过程需要采取脱落安全措施。

（4）绝缘子更换完毕满足施工质量标准。

（5）该工作任务由单人登杆独立完成，操作过程不得失去后备保护。

（6）登杆工具外观合格应在检验周期内，使用全方位安全带。

（7）操作过程中不应发生跑线等。

操作时限

操作时限：30min。

操作要点及其要求

1. 操作要点

（1）安全工器具、施工机具的检查。

（2）紧线器与后备保护的安装。

（3）悬式绝缘子的连接

（4）连接受力的检查。

（5）不发生跑线。

2. 操作要求

（1）安全工器具（脚扣、安全带）应由有资质单位出具的检验周期标签。脚扣无变形、橡胶无开裂或磨损严重、小爪活动灵活、脚扣带无破损且松紧适度。安全带部件齐全无开丝断股、铆钉无严重磨损、扣环保险有效且活动灵活。

（2）施工机具（紧线器、卡线器、后备保护绳、承力绳套）外观无破损，部件齐全，转轴灵活。紧线器制动有效，绳、链、带无断股或严重挤压变形，吊钩无磨损且保险有效。卡线器钳口无磨平，转轴灵活。后备保护绳荷载满足要求，无断股，长度满足使用要求；承力绳套无断股或严重挤压变形，荷载满足使用要求。

（3）在横担上安装紧线器应通过承力绳套连接，紧线器的卡线器应在后备保护的卡线器内侧，两个卡线器不得挤压碰触。后备保护不应与紧线器固定在同一固定点上，且紧线器收紧后应使后备保护轻微受力。

（4）收紧紧线器后，应使用绳索将耐张线夹与紧线器进行可靠悬吊，防止因耐张线夹下垂而扭伤导线。

（5）收紧紧线器至可拆除悬式绝缘子连接状态时，应检查紧线器连接受力情况。新悬式绝缘子连接完毕检查连接情况后再松开紧线器。

（6）操作过程不应发生跑线。

 四 准备工作

 1. 项目场地要求

如室内室外场地，线杆的要求，场地空间要求等。

（1）现场架设线路 2 基，采用 $\phi190 \times 12m$ 电杆，杆型依次为终端杆、终端杆；导线水平排列。

（2）架设 JKLYJ—95^2 导线。

2. 项目设备要求

（1）工作点两侧控制的开关、断路器、熔断器或隔离开关已拉开并悬挂"禁止合闸，线路有人工作"标识牌。

（2）工作点应在地线保护范围内。

（3）工作线路挡距内的交叉跨越满足安全距离。

3. 项目工具要求

（1）绝缘电阻表。

正 确 10kV 电压等级应选择 2500V 及以上的绝缘电阻表

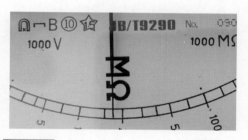

错 误 选择 2500V 以下的绝缘电阻表，不能真实反映绝缘情况

正 确 外观良好无破损，配件齐全

错 误 外观有破损，解析按钮绝缘脱落，易触电

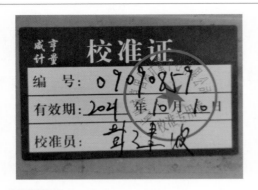

正 确 绝缘电阻表应每2年进行验定，应在检定周期内使用

错 误 超过检定周期，所测得数值不准确

正 确 试验线外观无破损，绝缘良好

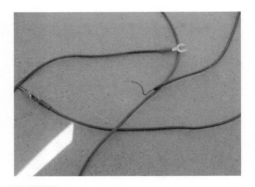

错 误 测试线绝缘部分破损，易发生电击

正 确 做开路试验，表针指向"∞"，检查绝缘电阻表是否良好

错 误 未做开路试验，所测数值不准确

正确 红色线接 L 端，黑色线接 E 端

错误 接线不正确

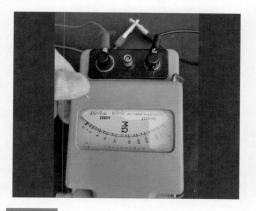

正确 将 +、- 测试线连接，轻摇动手柄，表针归零，检查绝缘电阻表良好

错误 未做短路试验，所测数值不准确

（2）紧线器。

正确 吊钩、链条、传动装置及刹车装置良好

错误 部件缺失

正 确 克拨灵活，制动有效

错 误 克拨失灵，不能有效收紧链条

正 确 吊钩封口完好可靠

错 误 否扣失灵，易造成所钩物品脱落

（3）卡线器。

正 确 卡线器钳口无磨平，可有效加持绝缘导线

错 误 使用裸导线卡线器，不能加持绝缘导线，易跑线

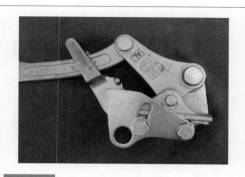

正 确 使用的卡线器正确

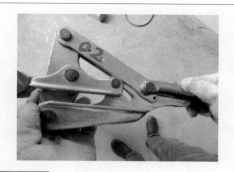

错 误 选择的卡线器不正确

（4）木锤或橡胶锤（楔形耐张线夹用）。

正 确 锤头不脱落

错 误 锤头松动，操作时易脱落

（5）承力绳套。

正 确 钢丝绳无断股、灼伤或磨损严重。承力绳套无断股、断丝

错 误 钢丝绳有断股、灼伤或磨损严重，承力绳套有断股、断丝在受力后容易断裂

（6）后备保护绳。

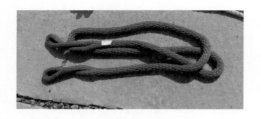

正 确　应无断股，满足断线所需要的
　　　 强度

错 误　过细不满足断线所需要的强度

（7）木条。

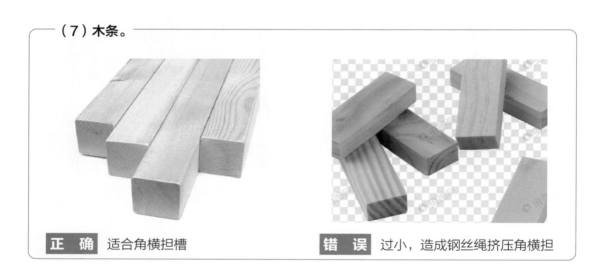

正 确　适合角横担槽

错 误　过小，造成钢丝绳挤压角横担

（8）毛巾。

正 确　厚度能够满足钢丝绳的挤压，
　　　 防止横担镀锌层损伤

错 误　厚度薄，钢丝绳挤压后损伤镀
　　　 锌层

4. 项目材料要求

正 确 绝缘部分无破损，以保证绝缘
良好

错 误 绝缘部分有损伤，绝缘能力
降低

正 确 悬式绝缘子外观应清洁，特别
是绝缘部分干净清洁，以保证
绝缘良好

错 误 绝缘部分脏污，绝缘水平降低，
易发生闪络故障

正 确（1）悬式绝缘子进行绝缘检测。

（2）接线正确、牢固（红线接表 L 端接钢脚、黑线接表的 E 端接钢帽）。测试线不得缠绕。

（3）转动摇把的转速为 120r/min。

（4）读取指针稳定 1min 后的表示数，判断被检测悬式绝缘子的阻值是否合格（判据：不小于 500MΩ）

错 误（1）接线不正确或不牢固，测试线缠绕，数值不能正确反映绝缘水平。

（2）转动摇把的转速未达到标准，数值不准确。

（3）未通过数值判断悬式绝缘子的绝缘阻值是否合格

危险点及安全措施

1. 危险点描述

（1）触电：

1）误登带电杆塔造成人员直接触电或感应触电。

2）未采取停电、验电、封挂接地线而感应触电。

（2）高摔：

1）人员失去安全保护，由高处坠落。

2）脚扣打滑，人员由高处顺杆滑落。

（3）物品坠落：

1）工具材料由高空坠落。

2）工器具材料坠落后碎裂伤人。

（4）倒杆：

1）埋深不足或裂纹严重，造成电杆横线路倾倒。

2）拉线受损、大幅度晃动造成电杆倾倒。

（5）跑线：

1）卡线器未安装到位，造成受力后脱落跑线。

2）承载工具荷载不满足要求，使用过程断裂。

2. 安全措施

（1）针对触电采取的安全措施：

1）核对路名、色标、杆号正确无误。

2）确认工作线路已停电、验电、装设接地线。

3）如有需要穿越的线路也已停电、验电、装设接地线。

4）地线保护范围内无临近交叉的线路。

5）有风天气（不大于 5 级）应在作业点补挂一组接地线。

（2）针对高摔采取的安全措施：

1）登杆前对脚扣、安全带做冲击检查试验。

2）登杆第一步开始全程使用安全带，不得失去安全保护。

3）到达工作位置后应先系好后备保护绳。

4）登杆过程防止脚扣打滑。

5）安全带及后备保护绳不应低挂高用。

6）穿越障碍时不得失去安全保护。

7）不得使用单只脚扣工作。

（3）针对物品坠落采取的安全措施：

1）上下传递物品应使用传递绳。

2）工具、材料未挂牢前不得失去绳索保护。

3）绳索系扣正确。

4）工具材料接触地面时应轻缓。

（4）针对跑线采取的安全措施：

1）紧线器收紧后应检查受力连接良好。

2）作业过程中，随时检查卡线器及紧线器应力连接情况。

（5）针对倒杆采取的安全措施：

1）登杆前检查电杆无横纵向裂纹，埋深满足要求。

2）检查拉线受力正常。

3）收紧导线时不应过牵引。

4）卡线器安装完毕应检查安装情况，防止跑线造成倒杆。

 项目操作步骤

 1. 具体操作步骤

（1）到达作业位置。

正确 到达作业位置后，首先应将后备保护拴在围杆带之上，减小坠落距离

错误 站位过低，不满足工作需要

正　确 后备保护应拴在围杆带之上，减小坠落距离

错　误 后备保护绳拴在围杆带之下，增加坠落距离

正　确 承重腿在作业侧，便于操作

错　误 承重腿未在作业侧，不便于操作

（2）工具传递。

正　确 将传递绳固定在可靠位置

错　误 传递绳不应背在身上，防止物品掉落带动人员坠落

正 确 系紧线器的绳扣应使用背扣

错 误 不应使用单结扣，受力后易松脱

正 确 传递绳在传递物品过程不缠绕

错 误 传递过程传递绳缠绕物品，不便于解开

（3）安装紧线器。

正 确 横担角槽应使用垫木，防止绳套受力使角横担变形。使用钢丝绳套时，与横担接触位置应垫软布，防止损伤镀锌层

错 误 使用钢丝绳时未采取防磨措施，损伤横担镀锌层

正 确 承重绳套在横担上固定位置应
躲开绝缘子伞裙边缘，便于绝
缘子的摘挂

错 误 承重绳套靠近悬式绝缘子固定
位置，造成紧线器与绝缘子挤
压，不便于绝缘子的摘挂

正 确 为防止物品掉落，应先固定在
解开传递绳

错 误 先解开传递绳，易造成物品
脱落

正 确 紧线器绳、链放开长度应满足收紧悬式绝缘子要求

错 误 紧线器放链放开长度过小，影响更换悬式绝缘子

正 确 紧线器钢丝绳不应互绞，链条不得系扣，且不应缠绕导线

错 误 钢丝绳互绞增加钢丝绳的磨损，链条系扣极大降低使用应力。与导线缠绕，损伤导线

正 确 卡线器握线槽应与导线贴合紧密

错 误 卡线器握线槽未与导线未贴合

正 确 卡线器应封口，防止在收紧导线过程脱落

错 误 卡线器未封口，易脱落

（4）收紧紧线器。

正 确 收紧紧线器至满足拆装悬式绝缘子

错 误 紧线器收紧不足

配电线路工标准化作业指导书（高级工）

正确 冲击检查紧线器受力良好后，才能打开导线固定

错误 松开导线固定前未冲击检查紧线器受力情况，如紧线器突然断裂造成跑线

（5）安装后备保护绳。

正确 后备保护绳不应与紧线器挂在统一挂点上，防止紧线器绳套断裂而跑线

错误 后备保护绳与紧线器挂在统一挂点上

 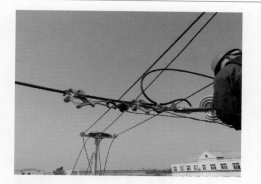

正 确 后备保护卡线器应安装在紧线器的卡线器外侧，起到后备保护作用

错 误 安装在内侧未能起到后备保护作用

（6）更换悬式绝缘子。

正 确 将耐张线夹悬吊在紧线器上

错 误 未对绝缘子进行悬吊，当绝缘子下垂后造成导线扭伤

正　确 拆除待更换悬式绝缘子前应系好传递绳

错　误 拆除待更换悬式绝缘子前未系好传递绳，易脱落

正　确 系悬式绝缘子绳扣应使用猪蹄扣加上背扣

错　误 系悬式绝缘子绳扣不正确，单点固定易坠落

正确 提升新悬式绝缘子不应与电杆或构件磕碰

错误 提升新悬式绝缘子与电杆或构件磕碰

正确 先安装悬式绝缘子再解开传递绳

错误 未安装悬式绝缘子先解开传递绳

正　确 大头销钉应朝下安装（螺栓式应朝上并加开口销）

错　误 大头销钉朝上安装，易脱落造成跑线

正　确 检查悬式绝缘子连接情况

错　误 未检查悬式绝缘子连接情况，缺少闭口弹簧销

（7）拆除紧线工具。

正　确 松开耐张线夹悬吊绳索

错　误 未先松开

正确 松开紧线器至轻微不受力

错误 全部松开紧线器

正确 冲击检查悬式绝缘子及耐张线夹连接受力情况

错误 未冲击检查悬式绝缘子及耐张线夹连接受力情况

正确 松开紧线器，先取下卡线器

错误 松开紧线器，先取下紧线器

（8）调整引线。

正　确　检查引流线相间大于300mm、对地距离大于200mm要求，不满足要求时应重新制作

错　误　未调整引线，引线对地安全距离小于200mm

（9）传递。

正　确　系好传递绳，再拆除与承力绳套的连接

错　误　取下紧线器前未先系好传递绳

| 正 确 将紧线器、卡线器传至地面 | 错 误 人员背下杆 |

 2. 工作完毕后回检

（1）杆上无遗留。

（2）引线与临相及对地的安全距离满足要求。

（3）导线固定牢固。

回检。

| 正 确 杆上无遗留 | 错 误 有工具遗留 |

项目收尾工作

 1. 设备复原

（1）拆除接地线。

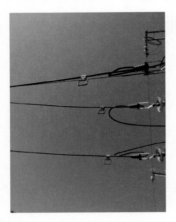

正　确 应拆除的接地线已全部拆除

错　误 应拆除的接地线未拆除

（2）标识牌。

正　确 应拆除的"禁止合闸，线路有人工作"标识牌已拆除

错　误 未拆除标识牌

（3）送电。

正　确　拉开的断路器、隔离开关已合上　　　　错　误　拉开的断路器、隔离开关未合上

2. 工具复原

正　确　工具应分类放置，码放整齐，检查工具有无损坏。清点工具有无遗漏或丢失　　　　错　误　工具、材料混放，未检查

3. 现场清理

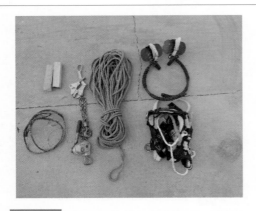 

| 正 确 | 工具、材料分类摆放，场地整洁 | 错 误 | 现场凌乱 |

重点难点

| 正 确 | 承力绳套应与绝缘子保持一定距离，紧线器收紧后不应绝缘子挤压 | 错 误 | 承力绳套安装在悬式绝缘子固定点附近，在收紧紧线器时挤压悬式绝缘子伞裙 |

正 确 卡线器握线槽应与导线紧密贴
合，且封口到位

错 误 卡线器握线槽没有与导线贴合，
造成紧线器收紧后扭伤导线

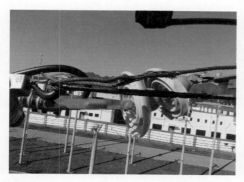

正 确 紧线器收紧长度应满足悬式绝
缘子的拆装

错 误 收紧长度过小影响悬式绝缘子
的拆装

正 确 冲击检查紧线器受力良好后，
才能打开导线固定

错 误 松开导线固定前未冲击检查紧
线器受力情况，如紧线器突然
断裂造成跑线

操作项目 03

更换 10kV 线路隔离开关
（一相）

一 任务描述

更换损坏的 10kV 线路隔离开关一支。

（1）更换 10kV 线路隔离开关一支。

（2）隔离开关更换完毕满足施工质量标准。

（3）该工作任务由单人登杆独立完成，操作过程不得失去后备保护。

（4）操作过程中不应发生工具材料掉落、损坏等现象。

二 操作时限

 操作时限：30min。

三 操作要点及其要求

 1. 操作要点

（1）安全工器具、施工机具的检查。

（2）隔离开关的外观检查、绝缘检测、试拉合。

（3）隔离开关的更换。

（4）恢复隔离开关的原始状态。

（5）安装质量及相间距离。

2. 操作要求

（1）安全工器具（脚扣、安全带）应由有资质单位出具的检验周期标签。脚扣无变形、橡胶无开裂或磨损严重、小爪活动灵活、脚扣带无破损且松紧适度。安全带部件齐全无开丝断股、铆钉无严重磨损、扣环保险有效且活动灵活。

（2）新隔离开关配件齐全，绝缘部分无破损。使用绝缘摇表绝缘检测合格。试拉合操作正常。

（3）隔离开关拆除与安装步骤正确，隔离开关绳扣正确。

（4）新隔离开关安装完毕应恢复至原始状态。

（5）隔离开关安装质量符合施工质量标准，引线连接牢固可靠。相间满足安全距离。

 四 准备工作

 1. 项目场地要求

（1）现场架设线路 3 基，采用 ϕ190×12m 电杆，杆型依次为终端杆、耐张杆（设置隔离开关）、终端杆。

（2）架设 JKLYJ—95^2 导线。

（3）隔离开关型号为 GW9-12。

 2. 项目设备要求

（1）工作点两侧控制的开关、断路器或隔离开关已拉开并悬挂"禁止合闸，线路有人工作"标识牌。

（2）工作点应在地线保护范围内。

（3）工作线路挡距内的交叉跨越满足安全距离。

3. 项目工具要求

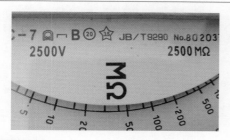

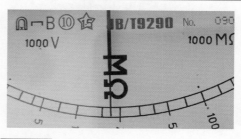

正 确 10kV 电压等级应选择 2500V 及以上的绝缘电阻表

错 误 选择 2500V 以下的绝缘电阻表，不能真实反映绝缘情况

正 确 外观良好无破损，配件齐全

错 误 外观有破损，解析按钮绝缘脱落，易触电

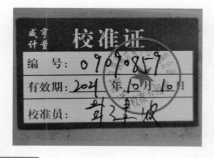

正 确 绝缘电阻表应每 2 年进行验定，应在检定周期内使用

错 误 超过检定周期，所测得数值不准确

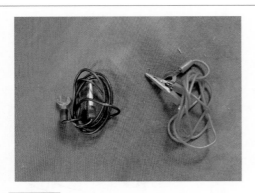

正 确 试验线外观无破损，绝缘良好

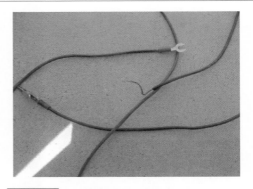

错 误 测试线绝缘部分破损，易发生电击

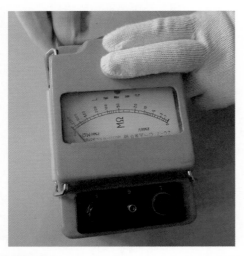

正 确 做开路试验，表针指向"∞"，检查绝缘电阻表是否良好

错 误 未做开路试验，所测数值不准确

正 确 红色线接 L 端，黑色线接 E 端

错 误 接线不正确

正 确 将 +、– 测试线连接，轻摇动手柄，表针归零，检查绝缘电阻表良好

错 误 未做短路试验，所测数值不准确

 4. 项目材料要求

（1）隔离开关（GW9-12）。

正 确 绝缘部分无破损，以保证绝缘良好

错 误 绝缘部分有损伤，绝缘能力降低

正 确 隔离开关外观应清洁，特别是绝缘部分干净清洁，以保证绝缘良好

错 误 绝缘部分脏污，绝缘水平降低，易发生闪络故障

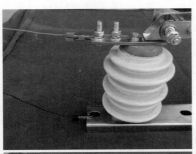

正 确 （1）合上隔离开关进行绝缘检测。

（2）接线正确、牢固（红线接表 L 端接开关的触头侧、黑线接表的 E 端接开关的底座侧）。测试线不得缠绕。

（3）转动摇把的转速达到标准 120r/min。

（4）读取指针稳定 1min 后的表示数，判断被检测隔离开关的阻值是否合格（判据：不小于 500MΩ）

错 误 （1）未合上隔离开关，造成遗漏绝缘检测。

（2）接线不正确或不牢固，测试线缠绕，数值不能正确反映绝缘水平。

（3）转动摇把的转速未达到标准，数值不准确。

（4）未通过数值判断隔离开关的绝缘阻值是否合格

正 确 隔离开关背板、螺栓等配件齐全，保证能够正常安装

错 误 配件不齐全或不正确，影响安装

正 确 动触头与静触头应对正，以保障能够合闸一次到位

错 误 动触头与静触头不对正，合闸后动触头与静触头接触不紧密，降低载流量，易发过温

正 确 动触头对静触头有效夹紧，保证额定载流量

错 误 动触头不能对静触头有效夹紧，额定载流量降低，易过温

（2）配件（背板、螺栓）。

正 确 背板、螺栓、平垫圈等金属材料镀锌良好

错 误 锈蚀严重

危险点及安全措施

 1. 危险点描述

（1）触电：

1）误登带电杆塔造成人员直接触电或感应触电。

2）未采取停电、验电、封挂接地线而感应触电。

（2）高摔：

1）人员失去安全保护，由高处坠落。

2）脚扣打滑。人员由高处顺杆滑落。

（3）物品坠落：

1）工具材料由高空坠落。

2）瓷件坠落后碎裂伤人。

（4）倒杆：

1）埋深不足或裂纹严重，造成电杆横线路倾倒。

2）拉线受损、大幅度晃动造成电杆倾倒。

 2. 安全措施

（1）针对触电采取的安全措施：

1）核对路名、色标、杆号正确无误。

2）确认工作线路已停电、验电、装设接地线。

3）如有需要穿越的线路也已停电、验电、装设接地线。

4）地线保护范围内无临近交叉的线路。

5）有风天气（不大于5级）应在作业点补挂一组接地线。

（2）针对高摔采取的安全措施：

1）登杆前对脚扣、安全带做冲击检查试验。

2）登杆第一步开始全程使用安全带，不得失去安全保护。

3）到达工作位置后应先系好后备保护绳。

4）登杆过程防止脚扣打滑。

5）安全带及后备保护绳不应低挂高用。

6）穿越障碍时不得失去安全保护。

7）不得使用单只脚扣工作。

（3）针对物品坠落采取的安全措施：

1）上下传递物品应使用传递绳。

2）工具、材料未挂牢前不得失去绳索保护。

3）绳索系扣正确。

4）工具材料接触地面时应轻缓。

（4）针对倒杆采取的安全措施：

1）登杆前检查电杆无横纵向裂纹，埋深满足要求。

2）检查拉线受力正常。

六 项目操作步骤

 1. 具体操作步骤

（1）到达作业位置。

正 确 到达作业位置后，首先应后备保护绳拴在安全带以上的牢固位置

错 误 到达作业位置后，开始工作未第一时间拴好后备保护绳

正 确 选择作业位置合理，便于操作

错 误 选择作业位置过低

正 确 承重腿在作业侧，便于操作

错 误 承重腿未在作业侧，不便于操作

（2）拆卸旧隔离开关。

正 确 将传递绳固定在可靠位置

错 误 传递绳不应背在身上，防止物
品掉落带动人员坠落

正 确 将传递绳系在隔离开关底座
上，做到先系绳再拆卸

错 误 传递绳固定在身上，影响转位

配电线路工标准化作业指导书（高级工）

正 确 绳扣应使用猪蹄扣

错 误 背扣不牢固

正 确 拆除旧隔离开关时，应抓牢

错 误 拆除旧隔离开关时，脱手

正 确 隔离开关下降过程，传递绳无缠绕

错 误 隔离开关下降过程，传递绳缠绕

正 确 隔离开关着地应轻缓

错 误 隔离开关坠落式着地，易造成
瓷件碎裂，飞溅伤人

（3）安装新隔离开关。

正 确 提升新隔离开关时不应与电杆
或构件磕碰，防止磁件损伤

错 误 与电杆或构件磕碰，易损伤
瓷件

正 确 新隔离开关提升过程中，传递
绳不应缠绕

错 误 提升过程中，传递绳缠绕，易
造成隔离开关脱落

正　确　先安装隔离开关再解开传递绳

错　误　安装前解开传递绳，易造成隔离开关脱落

正　确　隔离开关两侧外露横担一致

错　误　隔离开关偏离横担中心线

正 确 隔离开关与横担垂直不扭斜

错 误 隔离开关扭斜

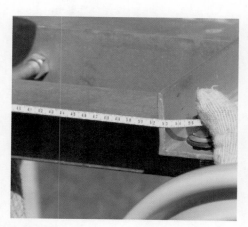

正 确 与临相隔离开关距离符合要求
（间距不小于 500mm）

错 误 与临相隔离开关距离过小（间
距小于 500mm）

正　确　固定螺栓紧固一致，隔离开关底座不变形

错　误　两侧螺栓紧固不一致，或紧固至底座变形，影响隔离开关分合闸操作

正确　试拉合隔离开关，检查分合闸
　　　操作正常

错误　未进行分合闸试操作，不能保
　　　证操作正常

正确　固定隔离开关的背板长孔应加
　　　平垫片

错误　长孔未加平垫片

正　确　恢复隔离开关引线的连接，并紧固

错　误　引线与隔离开关连接不牢固

正　确　恢复隔离开关更换前的原始分、合闸位置

错　误　未恢复原始位置

 2. 工作完毕后回检

（1）杆上无遗留。

（2）隔离开关安装牢固，引线与隔离开关连接牢固。

（3）隔离开关、引线与临相及对地的安全距离满足要求。

回检。

正　确 杆上无遗留工具、材料　　　**错　误** 杆上有遗留工具、材料

 七 项目收尾工作

 1. 设备复原

（1）拆除接地线。

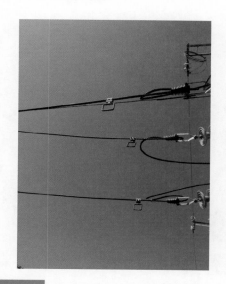 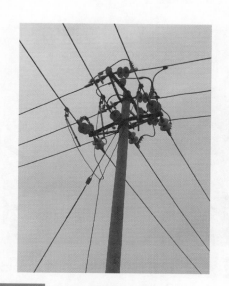

正　确 应拆除的接地线已全部拆除　　　**错　误** 应拆除的接地线未拆除

（2）标识牌。

正　确 应拆除的"禁止合闸，线路有人工作"标识牌已拆除

错　误 未拆除标识牌

（3）送电。

正　确 拉开的断路器、隔离开关已合上

错　误 拉开的断路器、隔离开关未合上

2. 工具复原

正 确 工具应分类放置，码放整齐，检查工具有无损坏。清点工具有无遗漏或丢失

错 误 工具、材料混放，未检查

 3. 现场清理

正 确 工具、材料分类摆放，场地整洁

错 误 现场凌乱

重点难点

正　确 拆除隔离开关前应先拆除引线，防止引线端子受力断裂

错　误 在未拆除引线的情况下拆除隔离开关，造成接线端子断裂

正　确 隔离开关相间距离满足500mm安全距离

错　误 相间安全距离小于500mm，易发生短路事故

04
操作项目

更换 10kV 变压器台跌落式熔断器

任务描述

（1）更换 10kV 变压器台跌落熔断器一支。

（2）拆除变台跌落式熔断器至更换过程中需要采取后备保护进行。

（3）10kV 变压器台跌落式熔断器更换完毕满足施工质量标准。

（4）该工作任务由单人登杆独立完成，操作过程不得失去后备保护。

（5）登杆工具应在检验周期内，使用全方位安全带。

（6）操作过程中不应发生高空坠物等。

 操作时限

 操作时限：30min

 操作要点及其要求

 1. 操作要点

（1）安全工器具、绝缘摇表的检查及使用。

（2）跌落式熔断器正确安装。

（3）保险器与弓子线连接牢固。

（4）登杆技能与安装技术业务熟练。

2. 操作要求

（1）安全工器具（脚扣、安全带）应由有资质单位出具的检验周期标签。脚扣无变形、橡胶无开裂或磨损严重、小爪活动灵活、脚扣带无破损且松紧适度。安全带部件齐全无开丝断股、铆钉无严重磨损、扣环保险有效且活动灵活。

（2）登杆前对电杆检查；登高工具进行外观检查并进行冲击试验；材料工具选择符合安装要求；上下杆动作规范，全过程使用安全带；上下传递物品，应使用传递绳，更换时注意操作顺序和安装要求，验收工作正确、完整。

（3）操作过程不得发生人身伤害和设备损坏事故。

 # 准备工作

 1. 项目场地要求

现场架设柱上变压器台。

 2. 项目设备要求

（1）工作点两侧控制的开关、断路器、熔断器或隔离开关已拉开并悬挂"禁止合闸，线路有人工作"标识牌。

（2）工作点应在地线保护范围内。

3. 项目工具要求

正 确 10kV 电压等级应选择 2500V 及以上的绝缘电阻表

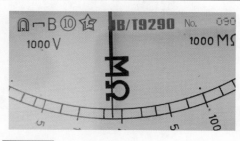

错 误 选择 2500V 以下的绝缘电阻表，不能真实反映绝缘情况

正 确 外观良好无破损，配件齐全

错 误 外观有破损，解析按钮绝缘脱落，易触电

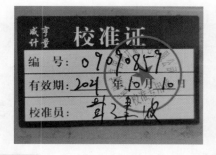

正 确 绝缘电阻表应每 2 年进行验定，应在检定周期内使用

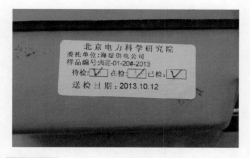

错 误 超过检定周期，所测得数值不准确

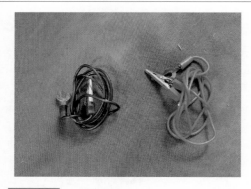

正　确 试验线外观无破损，绝缘良好

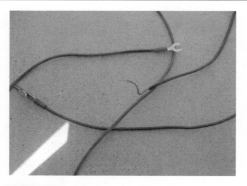

错　误 测试线绝缘部分破损，易发生电击

正　确 做开路试验，表针指向"∞"，检查绝缘电阻表是否良好

错　误 未做开路试验，所测数值不准确

正　确 红色线接 L 端，黑色线接 E 端

错　误 接线不正确

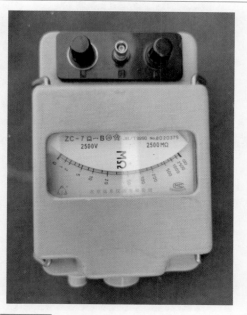

正 确 将 +、− 测试线连接，轻摇动手柄，表针归零，检查绝缘电阻表良好

错 误 未做短路试验，所测数值不准确

4. 项目材料要求

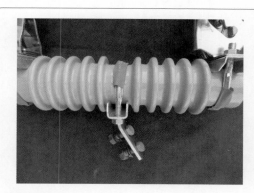

正 确 绝缘部分无破损，以保证绝缘良好

错 误 绝缘部分有损伤，绝缘能力降低

正确 熔断器外观应清洁，特别是绝缘部分干净清洁，以保证绝缘良好

错误 绝缘部分脏污，绝缘水平降低，易发生闪络故障

正确 （1）将熔断器绝缘部分悬空或置于绝缘垫上进行绝缘检测，接线正确、牢固（黑线接表E端接熔断器安装板、红线接表L端分别接熔断器电源侧和负荷侧接线端）。测试线不得缠绕。
（2）转动摇把的转速达到标准120r/min。
（3）读取指针稳定1min后的表示数，判断被检测熔断器的阻值是否合格（判据：不小于500MΩ）。
（4）安装以上方法检测安装板至负荷侧桩头之间绝缘

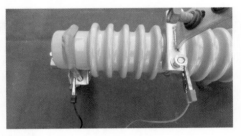

错误 （1）熔断器平放在地面上进行绝缘检测，不能真实放映绝缘状况。
（2）对两端接线点之间进行绝缘检测，接线不正确，测试线缠绕，数值不能正确反映熔断器对地绝缘水平。
（3）转动摇把的转速未达到标准，数值不准确

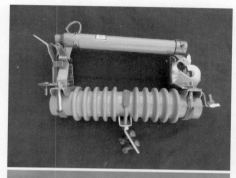

正确 熔丝管、熔丝、螺栓等配件齐全，保证能够正常安装

错误 配件不齐全或不正确，影响安装

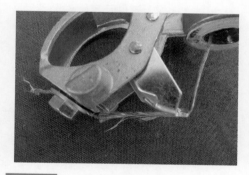

正确 熔丝松紧适度，无损伤

错误 熔丝过紧，熔丝有损伤，降低载流量

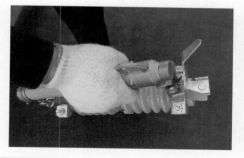

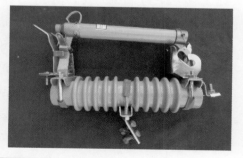

正确 试拉合熔断器，检验转轴是否灵活

错误 未进行试拉合

危险点及安全措施

 1. 危险点描述

（1）触电：

1）误登带电杆塔造成人员直接触电或感应触电。

2）未采取停电、验电、封挂接地线而感应触电。

（2）高摔：

1）人员失去安全保护，由高处坠落。

2）脚扣打滑。人员由高处顺杆滑落。

（3）物品坠落：

1）工具材料由高空坠落。

2）瓷件及其附件坠落后碎裂伤人。

 2. 安全措施

（1）针对触电采取的安全措施如下：

1）核对路名、色标、杆号、位号正确无误。

2）确认工作线路已停电、验电、装设接地线。

3）如有需要穿越的线路也已停电、验电、装设接地线。

4）地线保护范围内无临近交叉的线路。

5）有风天气（不大于5级）应在作业点补挂一组接地线。

（2）针对高摔采取的安全措施如下：

1）登杆前对脚扣、安全带做冲击检查试验。

2）登杆第一步开始全程使用安全带，不得失去安全保护。

3）到达工作位置后应先系好后备保护绳。

4）登杆过程防止脚扣打滑。

5）安全带及后备保护绳不应低挂高用。

6）穿越障碍时不得失去安全保护。

7）不得使用单只脚扣工作。

（3）针对物品坠落采取的安全措施如下：

1）上下传递物品应使用传递绳。

2）工具、材料未挂牢前不得失去绳索保护。

3）绳索系扣正确。

4）工具材料接触地面时应轻缓。

（4）针对倒杆采取的安全措施如下：

1）登杆前检查电杆无横纵向裂纹，埋深满足要求。

2）检查拉线受力正常。

 项目操作步骤

 1. 具体操作步骤

（1）到达作业位置。

正 确 选择作业位置合理，便于操作　　**错 误** 选择作业位置过低

正 确 到达作业位置后，首先应后备保护绳拴在安全带以上的牢固位置

错 误 到达作业位置后，开始工作未第一时间拴好后备保护绳

（2）拆除旧熔断器。

正 确 将传递绳一端固定在可靠构件上

错 误 传递绳固定在身上

错 误 未先拆除引线，造成因熔断器悬吊而损伤引线绝缘

正 确 分别拆除熔断器上下引线

正 确 将传递绳另一端跨过熔断器横担系在旧熔断器上，且应使用猪蹄扣；旧熔断器着地轻缓

错 误 旧熔断器未系绳索进行拆卸，易脱落；旧熔断器坠落式着地，易碰碎瓷件，造成碎片飞溅伤人

（3）安装新熔断器。

正　确 传递熔断器绳索系法正确牢固

错　误 熔断器绳索系法不正确不牢固

正　确 提升物品时，传递绳不许系在身上

错　误 传递物品时，传递绳背在身上

正　确 提升过程中，跌落式熔断器不得磕碰电杆等构件，放置损伤瓷件

错　误 与电杆磕碰，损伤瓷件

正 确 安装新熔断器并紧固螺栓

错 误 螺栓不紧固

正 确 螺栓应朝上穿入

错 误 螺栓应朝下穿入

正 确 安装熔断器上下引线，并紧固
螺栓

错 误 引线螺栓未紧固

正 确 调整弓子线相间大于 300mm，对地大于 200mm 的安全距离

错 误 未调整弓子线，相间及对地的安全距离不满足安全要求

正 确 试拉合熔断器，并恢复分闸位置

错 误 未试拉合熔断器

2. 工作完毕后回检

（1）杆上无遗留。

（2）熔断器安装牢固，引线与隔离开关连接牢固。

（3）熔断器、引线与临相及对地的安全距离满足要求。

回检。

正 确　检查引线端头有无受损

错 误　未检查引线端头

正 确　杆上无遗留工具、材料

错 误　杆上有遗留工具、材料

七 项目收尾工作

 1. 设备复原

（1）拆除接地线。

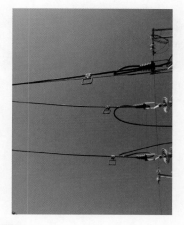

正 确 应拆除的接地线已全部拆除

错 误 应拆除的接地线未拆除

（2）标识牌。

正 确 应拆除的"禁止合闸，线路有人工作"标识牌已拆除

错 误 未拆除标识牌

（3）送电。

正 确 拉开的断路器、隔离开关已
合上

错 误 拉开的断路器、隔离开关未
合上

 ## 2. 工具复原

正 确 工具应分类放置，码放整齐，
检查工具有无损坏。清点工具
有无遗漏或丢失

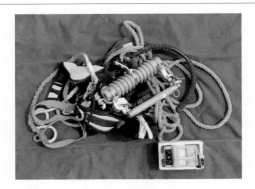

错 误 工具、材料混放，未检查

3. 现场清理

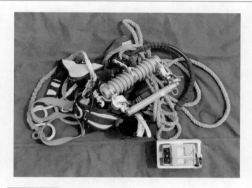

| 正 确 | 工具、材料分类摆放，场地整洁 | 错 误 | 现场凌乱 |

重点难点

| 正 确 | 安装熔断器上下引线，并紧固螺栓 | 错 误 | 引线螺栓未紧固 |

正 确 安装熔断器上下引线，并紧固螺栓

错 误 引线螺栓未紧固

正 确 调整弓子线相间大于300mm，对地大于200mm 的安全距离

错 误 未调整弓子线，相间及对地的安全距离不满足安全要求

操作项目 05

更换 10kV 线路氧化锌避雷器（一相）

一 任务描述

（1）更换 10kV 线路氧化锌避雷器一支。

（2）10kV 线路氧化锌避雷器更换完毕满足施工质量标准。

（3）该工作任务由单人登杆独立完成，操作过程不得失去后备保护。

（4）绝缘电阻表应在检验周期内，外观及试验线外观无破损。

二 操作时限

 操作时限：30min。

三 操作要点及其要求

 1. 操作要点

（1）安全工器具、绝缘摇表的检查。

（2）避雷器外观检查和绝缘检测。

（3）避雷器拆除和安装。

 2. 操作要求

（1）安全工器具（脚扣、安全带）应由有资质单位出具的检验周期标签。脚
扣无变形、橡胶无开裂或磨损严重、小爪活动灵活、脚扣带无破损且松
紧适度。安全带部件齐全无开丝断股、铆钉无严重磨损、扣环保险有效

且活动灵活。

（2）避雷器无裂纹，损伤，表面无脏污现象，规范进行绝缘电阻检测。

（3）避雷器安装牢固，拆装过程中材料无掉落现象；避雷器相间距离不小于0.35m。

（4）上引线与避雷器连接牢固，与其他构件距离满足规定，接地引下线与避雷器连接牢固，无断股损伤现象。

四 准备工作

1. 项目场地要求

如室内室外场地，线杆的要求，场地空间要求等。

（1）现场架设线路3基，采用ϕ190×12m电杆，杆型依次为终端杆、耐张杆、终端杆；导线水平排列。

（2）架设JKLYJ—95^{2}导线。

（3）在耐张杆安装有氧化锌避雷器。

2. 项目设备要求

（1）工作点两侧控制的开关、断路器、熔断器或隔离开关已拉开并悬挂"禁止合闸，线路有人工作"标识牌。

（2）工作点应在地线保护范围内。

（3）工作线路挡距内的交叉跨越满足安全距离。

3. 项目工具要求

正 确 10kV 电压等级应选择 2500V 及以上的绝缘电阻表

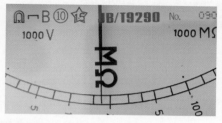

错 误 选择 2500V 以下的绝缘电阻表，不能真实反映绝缘情况

正 确 外观良好无破损，配件齐全

错 误 外观有破损，解析按钮绝缘脱落，易触电

正 确 绝缘电阻表应每 2 年进行验定，应在检定周期内使用

错 误 超过检定周期，所测得数值不准确

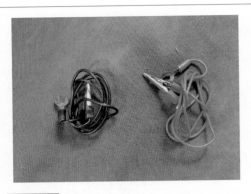

正　确 试验线外观无破损，绝缘良好

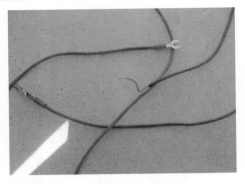

错　误 测试线绝缘部分破损，易发生电击

正　确 做开路试验，表针指向"∞"，检查绝缘电阻表是否良好

错　误 未做开路试验，所测数值不准确

正　确 红色线接 L 端，黑色线接 E 端

错　误 接线不正确

 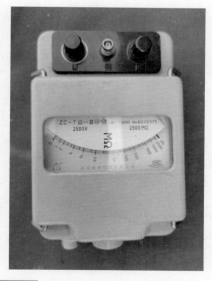

正 确 将 +、− 测试线连接，轻摇动手柄，表针归零，检查绝缘电阻表良好

错 误 未做短路试验，所测数值不准确

4. 项目材料要求

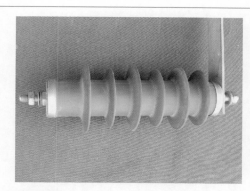 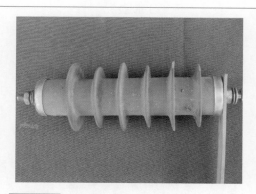

正 确 绝缘部分无破损、龟裂等缺陷，外观清洁无脏污，以保证绝缘良好

错 误 绝缘部分老化，表面脏污，绝缘能力降低

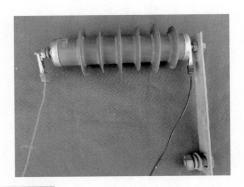

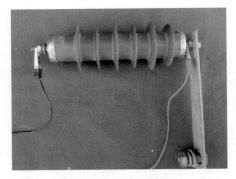

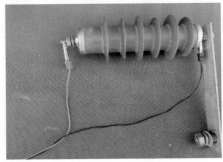

正　确 （1）应将避雷器置于工具袋上对避雷器进行绝缘检测。

（2）接线正确、牢固（红线接表 L 端接引线侧、黑线接表的 E 端接安装板侧），测试线不应缠绕。

（3）转动摇把的转速达到标准 120r/min。

（4）读取指针稳定 1min 后的表示数，判断被检测隔离开关的阻值是否合格（判据：不小于 1000MΩ）

错　误 （1）避雷器直接放在土地进行绝缘检测。

（2）接线不正确或不牢固，测试线缠绕数值不能正确反映绝缘水平。

（3）转动摇把的转速未达到标准，数值不准确。

（4）为通过数值判断隔离开关的绝缘阻值是否合格

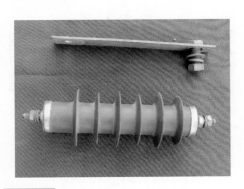

正　确 配件齐全

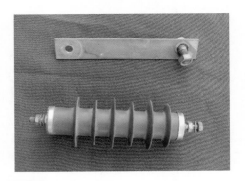

错　误 缺少配件，影响正常安装

五 **危险点及安全措施**

1. 危险点描述

（1）触电：

1）误登带电杆塔造成人员直接触电或感应触电。

2）未采取停电、验电、封挂接地线而感应触电。

（2）高摔：

1）人员失去安全保护，由高处坠落。

2）脚扣打滑，人员由高处顺杆滑落。

（3）物品坠落：

1）工具材料由高空坠落。

2）材料坠落后伤人。

（4）倒杆：

1）埋深不足或裂纹严重，造成电杆横线路倾倒。

2）拉线受损、大幅度晃动造成电杆倾倒。

2. 安全措施

（1）针对触电采取的安全措施如下：

1）核对路名、色标、杆号正确无误。

2）确认工作变台已停电、验电、装设接地线。

3）地线保护范围内无临近交叉的线路。

（2）针对高摔采取的安全措施如下：

1）登杆前对脚扣、安全带做冲击检查试验。

2）登杆第一步开始应全程使用安全带，不得失去安全保护。

3）到达工作位置后应先系好后备保护绳。

4）登杆过程防止脚扣打滑。

5）安全带及后备保护绳不应低挂高用。

6）穿越障碍时不得失去安全保护。

7）不得使用单只脚扣工作。

（3）针对物品坠落采取的安全措施如下：

1）上下传递物品应使用传递绳。

2）工具、材料未挂牢前不得失去绳索保护。

3）绳索系扣正确。

4）工具材料接触地面时应轻缓。

（4）针对倒杆采取的安全措施如下：

1）登杆前检查电杆无横纵向裂纹，埋深满足要求。

2）检查拉线受力正常。

六 项目操作步骤

1. 具体操作步骤

（1）到达作业位置。

正 确 选择作业位置合理，胸部应与作业点平

错 误 站位过低，不满足工作需要

正 确 到达作业位置后，首先应将后备保护拴在围杆带之上，减小坠落距离

错 误 到达作业位置后未先拴好后备保护绳而开始工作

正 确 承重腿在作业侧，便于操作

错 误 承重腿未在作业侧，不便于操作

（2）拆除旧避雷器。

正　确　将传递绳固定在可靠位置

错　误　传递绳不应背在身上，防止物品掉落带动人员坠落

正　确　在待更换避雷器上系好传递绳

错　误　拆除前未系传递绳，拆卸过程易脱落

正 确 绝缘绳系法正确牢固

错 误 绳扣不正确，传递过程容易
脱落

正 确 拆除待更换避雷器上下引线的
连接及固定连接

错 误 未固定拆下的引线

错 误 材料放置在横担等不牢固位置

正 确 拆除的螺母、平垫等应及时安装回原位，拆除的线夹应放入工具袋，不应放置在横担上

正　确 传递避雷器过程，传递绳无缠绕

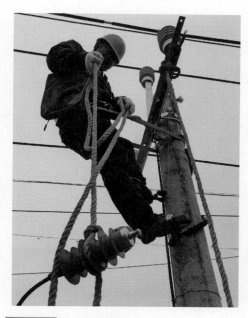

错　误 传递绳缠绕

正　确 避雷器传至地面应轻缓着地

错　误 避雷器着地沉重

（3）安装避雷器。

正　确 提升新避雷器不应与电杆或构件磕碰

错　误 避雷器与电杆或构件磕碰，损伤绝缘

正　确 新避雷器传递过程传递绳不应缠绕，便于安装

错　误 传递绳缠绕，影响正常安装

正 确 先安装避雷器再解开传递绳。
避雷器安装牢固

错 误 安装前解开传递绳，避雷器易
脱落。安装不牢固

正 确 恢复避雷器上下引线的连接。
且避雷器不应承受侧向拉力

错 误 引线与导线连接不牢固

正 确 调整引线相间大于 300mm 及
对地大于 200mm 安全距离

错 误 引线与临相及地间距不满足要
求，易发生故障

正 确 恢复线夹位置绝缘

错 误 未安装绝缘罩或安装不规范

2. 工作完毕后回检

（1）杆上无遗留。

（2）引线与临相及对地的安全距离满足要求。

（3）避雷器安装牢固。

回检。

| **正 确** 杆上无遗留工具、材料 | **错 误** 杆上有遗留工具、材料 |

 # 七 项目收尾工作

 1. 设备复原

（1）拆除接地线。

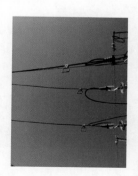

| **正 确** 应拆除的接地线已全部拆除 | **错 误** 应拆除的接地线未拆除 |

（2）标识牌。

正 确 应拆除的"禁止合闸，线路有人工作"标识牌已拆除

错 误 未拆除标识牌

（3）送电。

正 确 拉开的断路器、隔离开关已合上

错 误 拉开的断路器、隔离开关未合上

2. 工具复原

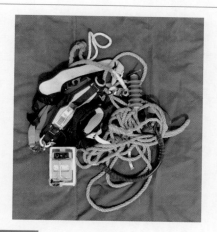

正 确 工具应分类放置，码放整齐，检查工具有无损坏。清点工具有无遗漏或丢失

错 误 工具、材料混放，未检查工具有无损坏

 3. 现场清理

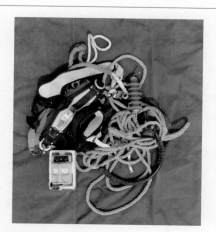

正 确 工具、材料分类摆放，场地整洁

错 误 现场凌乱

操作项目 06

1800mm 耐张横担安装操作

一 任务描述

操作安装 1800mm 耐张横担，具体描述如下。

（1）金具选择应正确；横担、连板、垫铁、单头螺栓、双头螺栓、弹簧垫圈及平垫片等满足施工质量标准。

（2）登杆熟练，横担提升方法正确。

（3）该工作任务由单人登杆独立完成，操作过程不得失去后备保护；安装质量应符合施工标准。

（4）操作过程中不应发生高空坠落、高空坠物伤人等事故。

二 操作时限

 操作时限：45min。

三 操作要点及其要求

 1. 操作要点

（1）安全工器具的检查。

（2）金具的选择及耐张横担的组配。

（3）1800mm 耐张横担绳扣使用及摆放位置。

（4）1800mm 耐张横担安装。

2. 操作要求

（1）安全工器具（脚扣、安全带）应由有资质单位出具的检验周期标签。脚扣无变形、橡胶无开裂或磨损严重、小爪活动灵活、脚扣带无破损且松紧适度。安全带部件齐全无开丝断股、铆钉无严重磨损、扣环保险有效且活动灵活。

（2）操作完成后，横担应安装牢固，横担距离杆顶 ≥ 300mm；横担两端上下歪斜不应大于 20mm；横担两端前后扭斜不应大于 20mm。

（3）耐张横担组配选用表面光洁，无扭曲、无变形、无锈蚀、镀锌良好的横担，组配时螺栓方向一致，圆孔加装弹簧垫圈，长孔加装平垫片。

（4）安装站位应正确；拉拽过程应平稳；安装过程应安全、正确；安装质量应符合施工标准。

 # 准备工作

 1. 项目场地要求

如室内室外场地，线杆的要求，场地空间要求等。
现场采用 ϕ190×12m 电杆。

 2. 项目设备要求

无。

 3. 项目工具要求

见公共部分。

4. 项目材料要求

（1）横担。

正 确 镀锌良好，无变形　　　**错 误** 锈蚀、变形

（2）W 形垫铁。

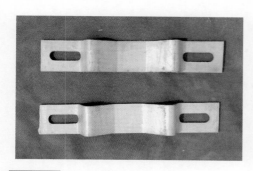

正 确 镀锌良好，无变形　　　**错 误** 锈蚀、变形

（3）连板。

正 确 镀锌良好，无变形　　　**错 误** 锈蚀、变形

（4）螺栓。

正 确 镀锌良好，无变形

错 误 锈蚀、变形

 五 **危险点及安全措施**

 1. 危险点描述

（1）高摔：

1）人员失去安全保护，由高处坠落。

2）脚扣打滑。人员由高处顺杆滑落。

（2）物品坠落：

1）工具材料由高空坠落。

2）物品坠落后伤及地面人员。

（3）倒杆：

1）埋深不足造成电杆倾倒。

2）裂纹严重造成电杆倾倒。

 2. 安全措施

（1）针对高摔采取的安全措施如下：

1）登杆前对脚扣、安全带做冲击检查试验。

2）登杆第一步开始全程使用安全带，不得失去安全保护。

3）到达工作位置后应先系好后备保护绳。

4）登杆过程防止脚扣打滑。

5）安全带及后备保护绳不应低挂高用。

6）穿越障碍时不得失去安全保护。

7）不得使用单只脚扣工作。

8）有风天气大于5级禁止登杆作业。

（2）针对物品坠落采取的安全措施如下：

1）上下传递物品应使用传递绳。

2）工具、材料未挂牢前不得失去绳索保护。

3）选准来电侧，绳索系扣正确，耐张横担禁止在未安装前进行大角度旋转（≥180°）。

4）工具材料接触地面时应轻缓。

（3）针对倒杆采取的安全措施如下：

1）检查电杆无倾斜。

2）检查杆身应无纵向裂纹。

3）检查杆身横向裂纹不大于1/3周长。

4）电杆埋深满足1/10杆长+700mm。

六 项目操作步骤

1. 具体操作步骤

（1）耐张横担组装。

正 确 横担的长孔在竖直面，槽朝向外侧对称摆放

错 误 横担摆放顺向

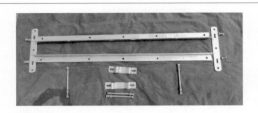

正确 螺栓、垫铁、连扳手等金具摆放位置正确

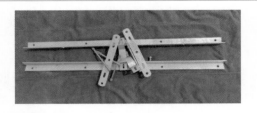

错误 摆放错误，不便于组装

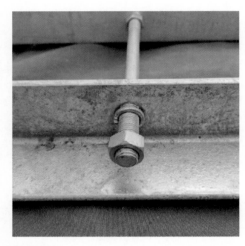

正确 双头螺栓螺母应在横担内外各一个，且横担槽侧螺母应加弹簧垫圈

错误 螺栓在两条横担内无螺母

正确 垂直使用的螺栓应由下向上穿

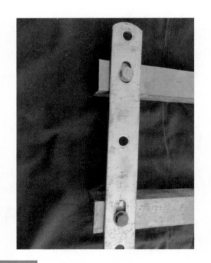

错误 垂直使用的螺栓由上向下穿

正　确　连铁及横担的长孔应加平垫圈，增加耐张横担的稳固性能

错　误　长孔未加平垫片

正　确　圆孔及单螺母位置应加弹簧垫圈

错　误　圆孔及单螺母位置未加弹簧垫圈，螺母易松扣

正　确　圆孔及单螺母位置应加弹簧垫圈

错　误　圆孔及单螺母位置未加弹簧垫圈，螺母易松扣

正　确　垫铁应面对面使用

错　误　垫铁使用错误

正　确　连铁组装应使用长孔

错　误　连铁组装不正确

（2）耐张横担的摆放。

正确 耐张横担绳扣系法正确，防止提升过程脱落

错误 耐张横担绳扣系法不正确，提升过程易脱落

正确 根据单头螺栓应朝向负荷侧穿入方向，人员应站在负荷侧，为此耐张横担提升过程的单头螺栓螺母在负荷侧

错误 耐张横担提升方向反，套至杆顶后需要进行旋转，旋转过程损伤垫铁镀锌层

（3）到达作业位置。

正 确 选择作业位置合理，肩部应与
杆头水平

错 误 作业位置过低，耐张横担不易
安装，且有坠落危险

正 确 后备保护应在安全带之上

错 误 后备保护在安全带之下

正　确 作业侧为承重腿且在下　　**错　误** 作业侧承重腿在上

（4）耐张横担提升。

正　确 将传递绳固定在可靠位置　　**错　误** 传递绳固定在身上

正 确 传递过程中不得磕碰杆塔

错 误 磕碰杆塔，破坏耐张横担镀锌层

正 确 耐张横担提升过程传递绳不应
互相缠绕或堆积在耐张横担上

错 误 传递绳缠绕或堆积在耐张横担
上，易抓错传递绳而造成耐张
横担脱落

正 确 将耐张横担放置安全带上

错 误 耐张横担无法放置在安全带上

（5）安装耐张横担。

正 确 耐张横担从杆尖放入后单头螺栓紧固侧应朝向受电侧

错 误 单头螺栓紧固侧在来电侧

正 确 耐张横担距离杆顶300mm位置

错 误 耐张横担距离杆顶不满足300mm要求

正 确 先固定耐张横担再解开传递绳

错 误 未固定耐张横担先解开传递绳

正　确 紧固单头螺栓，外露丝扣长度
一致

错　误 单头螺栓未拧紧，或外露丝扣
长度不一致

正　确 分别调整并紧固两侧双头螺栓
内、外侧螺母至横担开挡一致

错　误 横担两侧开挡不一致

正确　紧固的两条横担应平直

错误　耐张横担成鼓形或梭形

正确　紧固完成的耐张横担上下歪斜
　　　不超过 20mm

错误　耐张横担上下歪斜大于 20mm

正确 顺线路耐张横担扭斜不超过20mm

错误 顺线路扭斜大于20mm

正确 单头螺栓应背双母并紧固

错误 单头螺栓未带双母

正确 紧固40mm螺栓，且弹簧垫圈压平

错误 40mm螺栓未紧固，弹簧垫圈未压平

| **正 确** 解开传递绳下杆 | **错 误** 传递绳未拆除及下杆 |

 2. 工作完毕后回检

（1）杆上无遗留。
（2）耐张横担固定牢固。

回检。

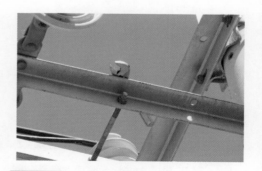

| **正 确** 杆上无遗留工具 | **错 误** 杆上有遗留工具 |

七 项目收尾工作

 1. 设备复原

无。

 2. 工具复原

| 正 确 | 工具应整理并分类放置 | 错 误 | 工具未整理，且未分类摆放 |

 3. 现场清理

| 正 确 | 工具、材料分类摆放，场地整洁 | 错 误 | 现场凌乱，材料满地 |

重点难点

正确　耐张横担提升方向正确

错误　提升方向错误，会造成耐张横担单头螺栓朝向来电侧

操作项目

安装 1800mm 梭形耐张横担

任务描述

安装 1800mm 梭形耐张横担，具体描述如下。

（1）金具选择应正确；横担、连铁、垫铁、单头螺栓、双头螺栓、弹簧垫圈及平垫片等满足施工质量标准。

（2）登杆熟练，横担提升方法正确。

（3）该工作任务由单人登杆独立完成，操作过程不得失去后备保护；安装质量应符合施工标准。

（4）操作过程中不应发生高空坠落、高空坠物伤人等事故。

操作时限

 操作时限：30min。

操作要点及其要求

 1. 操作要点

（1）安全工器具的检查。

（2）金具的选择及梭形耐张横担的组配。

（3）1800mm 梭形耐张横担绳扣使用及摆放位置。

（4）1800mm 梭形耐张横担安装。

2. 操作要求

（1）安全工器具（脚扣、安全带）应由有资质单位出具的检验周期标签。脚扣无变形、橡胶无开裂或磨损严重、小爪活动灵活、脚扣带无破损且松紧适度。安全带部件齐全无开丝断股、铆钉无严重磨损、扣环保险有效且活动灵活。

（2）操作完成后，横担应安装牢固，横担距离杆顶不小于 300mm；横担两端上下歪斜不应大于 20mm；横担两端前后扭斜不应大于 20mm。

（3）横担组配选用表面光洁，无扭曲、无变形、无锈蚀、镀锌良好的横担，组配时螺栓方向一致，圆眼加装弹簧垫圈，长眼加装平垫片。

（4）安装站位应正确；拉拽过程应平稳；安装过程应安全、正确；安装质量应符合施工标准。

 # 四 准备工作

 1. 项目场地要求

现场采用 ϕ190×12m 电杆。

 2. 项目设备要求

无。

 3. 项目工具要求

项目工具要求参考本书的公共部分内容。

4. 项目材料要求

（1）横担。

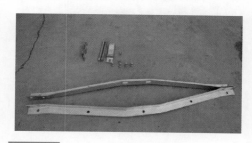 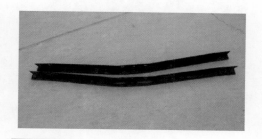

正 确　镀锌良好，无变形　　错 误　锈蚀、变形

（2）W 形垫铁。

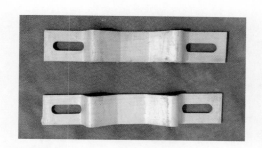 

正 确　镀锌良好，无变形　　错 误　锈蚀、变形

（3）平垫片、弹簧垫圈。

 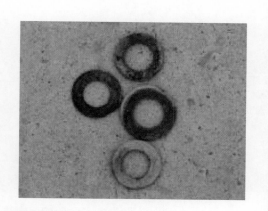

正 确　镀锌良好，无变形　　错 误　锈蚀、变形

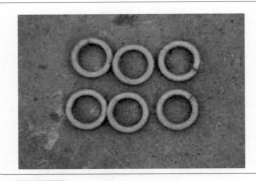

正　确 镀锌良好，无变形

错　误 锈蚀、变形

（4）螺栓。

正　确 镀锌良好，无变形

错　误 锈蚀、变形

 五　危险点及安全措施

 1. 危险点描述

（1）高摔：

1）人员失去安全保护，由高处坠落。

2）脚扣打滑。人员由高处顺杆滑落。

（2）物品坠落后：

1）工具材料由高空坠落。

2）物品坠落后伤及地面人员。

（3）倒杆：

1）埋深不足造成电杆倾倒。

2）裂纹严重造成电杆倾倒。

 2. 安全措施

（1）针对高摔采取的安全措施：

1）登杆前对脚扣、安全带做冲击检查试验。

2）登杆第一步开始全程使用安全带，不得失去安全保护。

3）到达工作位置后应先系好后备保护绳。

4）登杆过程防止脚扣打滑。

5）安全带及后备保护绳不应低挂高用。

6）穿越障碍时不得失去安全保护。

7）不得使用单只脚扣工作。

8）有风天气（大于 5 级），禁止登杆作业。

（2）针对物品坠落采取的安全措施如下：

1）上下传递物品应使用传递绳。

2）材料未挂牢前不得失去绳索保护。

3）选准来电侧，绳索系扣正确，梭形耐张横担禁止在未安装前进行大角度旋转（≥ 180°）。

4）工具材料接触地面时应轻缓。

（3）针对倒杆采取的安全措施如下：

1）检查电杆无倾斜。

2）检查杆身应无纵向裂纹。

3）检查杆身横向裂纹不大于 1/3 周长。

4）电杆埋深满足 1/10 杆长 +700mm。

六 项目操作步骤

 1. 具体操作步骤

（1）横担组装。

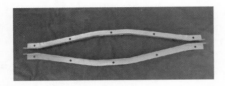

正 确 梭形耐张横担槽朝上，弓对弓摆放，保证长孔都在竖直面上

错 误 横担摆放错误

正 确 横担的长孔应加平垫片，增加梭形耐张横担的稳固性能

错 误 长孔未加平垫片

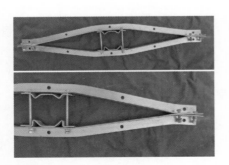

正 确 梭形耐张横担螺栓方向一致

错 误 螺栓方向不一致

（2）梭形耐张横担的摆放。

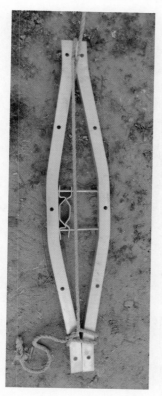

| 正 确 | 梭形耐张横担绳扣系法正确，防止提升过程脱落 | 错 误 | 梭形耐张横担绳扣系法不正确，提升过程易脱落 |

正 确 单头螺栓应朝向负荷侧穿入，人员也应站在负荷侧，为此梭形耐张横担提升过程的单头螺栓的螺母应在负荷侧

错 误 梭形耐张横担提升方向反，套至杆顶后需要进行旋转，旋转过程损伤垫铁镀锌层

（3）到达作业位置。

正 确 选择作业位置合理，肩部应与杆头水平

错 误 作业位置过低，梭形耐张横担不易安装，且有坠落危险

正 确 后备保护应在安全带之上

错 误 后备保护在安全带之下

正 确 作业侧为承重腿且在下

错 误 作业侧承重腿在上

（4）梭形耐张横担提升。

正 确 将传递绳固定在可靠位置

错 误 传递绳固定在身上

正　确　传递过程中不得磕碰杆塔

错　误　磕碰杆塔，破坏梭形耐张横担镀锌层

正　确　梭形耐张横担提升过程传递绳不应互相缠绕或堆积在梭形耐张横担上

错　误　传递绳缠绕或堆积在梭形耐张横担上，易抓错传递绳而造成梭形耐张横担脱落

正 确 拉到脚扣附近时应缓慢提升，放置碰触脚扣踩板

错 误 梭形耐张横担磕碰脚扣踩板易发生人员坠落危险

正 确 将梭形耐张横担放置安全带上

错 误 梭形耐张横担无法放置在安全带上

（5）安装耐张横担。

正 确 梭形耐张横担从杆尖放入后单头螺栓紧固测应朝向受电测

错 误 单头螺栓紧固测在来电侧

正 确 梭形耐张横担应距离杆顶300mm 位置

错 误 梭形耐张横担距离杆顶不满足300mm 要求

正 确 紧固单头螺栓，外露丝扣长度一致

错 误 单头螺栓未拧紧，或外露丝扣长度不一致

正 确 分别紧固梭形耐张横担端部的 40 螺栓，将两片梭形耐张横担紧密贴合

错 误 梭形耐张横担端部两片梭形耐张横担之间留有缝隙

正 确 单头螺栓应背双母并紧固

错 误 单头螺栓未带双母

正 确 40mm 螺栓弹簧垫圈压平

错 误 40mm 螺栓未紧固，弹簧垫圈未压平

正 确 紧固完成的梭形耐张横担上下
歪斜不超过 20mm

错 误 梭形耐张横担上下歪斜不应大
于 20mm

正 确 梭形耐张横担顺线路扭斜不超
过 20mm

错 误 顺线路扭斜不应大于 20mm

正 确 解开传递绳下杆

错 误 传递绳未拆除及下杆

2. 工作完毕后回检

（1）杆上无遗留。

（2）梭形耐张横担固定牢固。

回检。

正 确 杆上无遗留工具　　　　**错 误** 杆上有遗留工具

 七 项目收尾工作

 1. 设备复原

无。

2. 工具复原

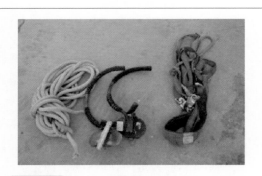

正 确 工具应整理并分类放置

错 误 工具未整理，且未分类摆放

3. 现场清理

正 确 工具、材料分类摆放，场地整洁

错 误 现场凌乱，材料满地

重点难点

正 确 根据单头螺栓应朝向负荷侧穿入，人员应站在负荷侧，为此梭形耐张横担提升过程的单头螺栓的螺母应在负荷侧

错 误 横担提升方向反，套至杆顶后需要进行旋转，旋转过程损伤垫铁镀锌层

正 确 拉到脚扣附近时应缓慢提升，放置碰触脚扣踩板

错 误 梭形耐张横担磕碰脚扣踩板，人员易发生坠落

正确　将梭形耐张横担放置安全带上

错误　梭形耐张横担无法放置在安全带上

操作项目 08

更换 10kV 直线杆 1400mm 横担

任务描述

更换损坏的 10kV 直线杆 1400mm 横担，具体描述如下。

（1）原有横担位置更换直线杆 1400mm 横担一块。

（2）拆除直线杆横担使用传递绳完成，系好传递绳后再进行旧横担拆除。

（3）直线杆横担更换完毕满足施工质量标准。

（4）该工作任务由单人登杆独立完成，操作过程不得失去后备保护。

操作时限

 操作时限：30min。

操作要点及其要求

 1. 操作要点

（1）安全工器具的检查。

（2）检查横担外观有无变形、锈蚀、镀锌是否完好。

（3）检查圆铁抱箍、垫铁与杆型是否相符。

（4）拆除直线杆横担使用传递绳完成，系好传递绳后再进行旧横担拆除。

（5）安装后检查直线杆横担安装是否牢固。

（6）直线杆横担安装应符合质量标准。

2. 操作要求

（1）安全工器具（脚扣、安全带）应由有资质单位出具的检验周期标签。脚扣无变形、橡胶无开裂或磨损严重、小爪活动灵活、脚扣带无破损且松紧适度。安全带部件齐全无开丝断股、铆钉无严重磨损、扣环保险有效且活动灵活。

（2）检查横担外观有无变形、锈蚀、镀锌是否完好；横担、圆铁抱箍、垫铁选型相符。

（3）将旧横担降低合适位置，检查是否牢固，避免发生突然下滑。

（4）系横担绳扣正确牢固，放置位置合理；上下传递横担方向正确，提升物品时传递绳不许系在身上，提升过程中带绳无缠绕现象。

（5）将新横担安装至旧横担位置，长孔加装平垫片，紧固螺栓方法正确，圆铁抱箍两端加装备母后所露丝扣长度相等；将导线、绝缘子移至新横担上并安装牢固，操作过程中导线不能出现悬空飞线现象，导线翻倒过程中不能出现磕碰绝缘子现象。

（6）新横担安装应符合质量标准：横担两端上下歪斜不应大于20mm；横担两端前后扭斜不应大于20mm；各部螺母紧固，平、弹垫齐全。

（7）系好旧横担使用传递绳将旧横担传送至地面，注意横担临近地面时减慢速度，使横担缓慢落地。

 四 准备工作

 1. 项目场地要求

如室内室外场地，线杆的要求，场地空间要求等。

（1）现场架设线路3基，采用 ϕ190×12m 电杆，杆型依次为终端杆、直线杆、终端杆；导线三角排列。

（2）架设 JKLYJ—95^2 导线。

（3）直线杆采用柱式绝缘子。

2. 项目设备要求

（1）工作点两侧控制的开关、断路器或隔离开关已拉开并悬挂"禁止合闸，线路有人工作"标识牌。

（2）工作点应在地线保护范围内。

（3）工作线路挡距内的交叉跨越满足安全距离。

3. 项目工具要求

具体内容参见本书公共部分内容。

4. 项目材料要求

（1）直线横担。

正 确 镀锌良好，无变形

错 误 锈蚀、变形

（2）W 形垫铁。

正 确 镀锌良好，无变形

错 误 锈蚀、变形

（3）圆铁抱箍。

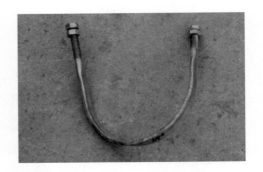

正　确　镀锌良好，无变形，螺母、平垫圈等齐全

错　误　变形，螺母、平垫圈缺失

五 危险点及安全措施

  1. 危险点描述

（1）触电：

1）误登带电杆塔造成人员直接触电或感应触电。

2）未采取停电、验电、封挂接地线而感应触电。

（2）高摔：

1）人员失去安全保护，由高处坠落。

2）脚扣打滑。人员由高处顺杆滑落。

（3）物品坠落：

1）工具材料由高空坠落。

2）瓷件坠落后碎裂伤人。

（4）倒杆：

埋深不足或裂纹严重，造成电杆横线路倾倒。

（5）导线掉落：

将导线移至新横担上时，必要时使用绳索控制。

2. 安全措施

（1）针对触电采取的安全措施如下：

1）核对路名、色标、杆号正确无误。

2）确认工作线路已停电、验电、装设接地线。

3）如有需要穿越的线路也已停电、验电、装设接地线。

4）地线保护范围内无临近交叉的线路。

5）有风天气（不大于 5 级）应在作业点补挂一组接地线。

（2）针对高摔采取的安全措施如下：

1）登杆前对脚扣、安全带做冲击检查试验。

2）登杆第一步开始全程使用安全带，不得失去安全保护。

3）到达工作位置后应先系好后备保护绳。

4）登杆过程防止脚扣打滑。

5）安全带及后备保护绳不应低挂高用。

6）穿越障碍时不得失去安全保护。

7）不得使用单只脚扣工作。

（3）针对物品坠落采取的安全措施如下：

1）上下传递物品应使用传递绳。

2）工具、材料未挂牢前不得失去绳索保护。

3）绳索系扣正确。

4）工具材料接触地面时应轻缓。

（4）导线掉落：必要时使用绳索做好保护。

（5）针对倒杆采取的安全措施如下：

1）检查电杆无倾斜。

2）检查杆身无纵向裂纹。

3）检查杆身横向裂纹不大于 1/3 周长。

4）电杆埋深满足 1/10 杆长 +700m。

5）检查拉线受力情况。

六　项目操作步骤

 1. 具体操作步骤

（1）直线横担组装。

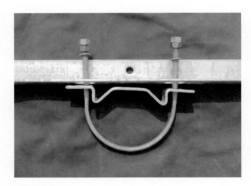

正　确　W形垫铁方向正确

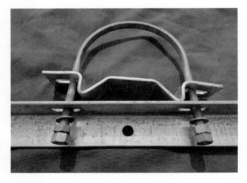

错　误　W形垫铁方向不正确，无法安装

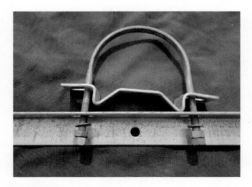

正　确　长眼应加平垫片，确保直线横担安装牢固

错　误　长眼未加平垫片

（2）横担的摆放。

正 确 直线横担绳扣系法正确，横担不易磕碰电杆

错 误 抱担绳扣系法不正确，提升过程易磕碰电杆，损害镀锌层

正 确 根据圆铁抱箍应朝向负荷侧穿入方向，人员应站在负荷侧，为此直线横担提升过程的圆铁抱箍螺母应在负荷侧

错 误 直线横担提升方向反，提升到位后需要进行旋转，旋转过程易脱落

（3）到达作业位置。

正 确 选择作业位置合理，胸部应与横担平

错 误 站位过低，不满足工作需要

正 确 到达作业位置后，首先应将后备保护拴在围杆带之上，减小坠落距离

错 误 到达作业位置后未先拴好后备保护绳而开始工作

正 确 承重腿在作业侧，便于操作

错 误 承重腿未在作业侧，不便于操作

（4）降低原横担。

正 确 将传递绳拴在原横担上

错 误 传递绳固定在身上

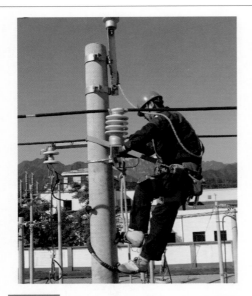

正 确	使用扳手逐渐松开原横担圆铁抱箍螺母，将横担下降约400mm 并再次紧固

错 误	原横担下降距离不足，影响新横担安装

（5）提升新横担。

正 确	传递过程中直线横担不得磕碰杆塔

错 误	磕碰杆塔，破坏直线横担镀锌层

正确　将直线横担放置安全带上

错误　直线横担无法放置在安全带上

（6）安装新横担。

正确　在原横担位置，由打开的新横
担圆铁抱箍一侧套在电杆上，
安装好平垫片和螺母

错误　将圆铁抱箍和垫铁拆散进行安
装，易造成物品脱落

正 确 使用扳手紧固圆铁抱箍螺母，并随时调整横、顺线路方向

错 误 紧固圆铁抱箍未调整横顺线路方向，造成偏差过大

正 确 新直线横担应安装在原直线横担位置

错 误 未安装在原横担位置，造成导线对地距离减小

正 确 紧固的圆铁抱箍外露丝扣长度
一致

错 误 紧固的圆铁抱箍外露丝扣长度
不一致

正 确 直线横担两端上下歪斜不应大
于 20mm

错 误 直线横担两端上下歪斜大于
20mm

正 确 横担两端前后扭斜不应大于
20mm

错 误 横担两端前后扭斜大于
20mm

（7）转移导线。

正确 逐相转移绝缘子及导线，转移过程时不得掉落

错误 转移绝缘子及导线时掉落

正确 导线转移过程中绝缘子不应磕碰横担

错误 导线转移过程磕碰横担，造成绝缘子损坏，降低绝缘

正 确 绝缘子平垫片、弹簧垫圈齐全，且螺母紧固

错 误 平垫片、弹簧垫圈不齐全，且螺母不紧固

（8）拆除原直线横担。

正 确 拆卸原直线横担前应系传递绳

错 误 拆除直线横担后再系传递绳

正 确 打开圆铁抱箍一侧，将原直线
横担由电杆上撤出

错 误 将原横担圆铁抱箍拆散

正 确 直线横担下降至地面轻缓

错 误 直线横担坠落式着地

2. 工作完毕后回检

（1）杆上无遗留。

（2）横担安装满足要求。

（3）绑扎线无断股脱落。

回检。

正　确 检查绑线有无松动

错　误 未检查绑线有无松动

正　确 杆上无遗留工具、材料

错　误 杆上有遗留工具、材料

七 项目收尾工作

 1. 设备复原

（1）拆除接地线。

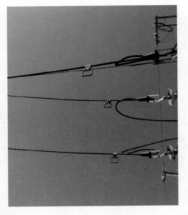

正　确 应拆除的接地线已全部拆除

错　误 应拆除的接地线未拆除

（2）标识牌。

正　确 应拆除的"禁止合闸，线路有人工作"标识牌已拆除

错　误 未拆除标识牌

（3）送电。

正　确 拉开的断路器、隔离开关已合上

错　误 拉开的断路器、隔离开关未合上

2. 工具复原

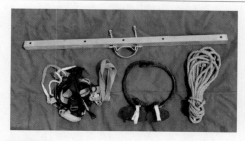 

正　确 工具应分类放置，码放整齐，检查工具有无损坏。清点工具有无遗漏或丢失

错　误 工具、材料混放，未检查

3. 现场清理

| 正　确 | 工具、材料分类摆放，场地整洁 | 错　误 | 现场凌乱 |

重点难点

| 正　确 | 使用扳手逐渐松开原横担圆铁抱箍螺母，将横担下降约400mm 并再次紧固 | 错　误 | 原横担下降距离不足，影响新横担安装 |

正　确 在原横担位置，由打开的新横担圆铁抱箍一侧套在电杆上，带好平垫片合螺母

错　误 将圆铁抱箍和垫铁拆散进行安装，易造成物品脱落

操作项目

带电测量 10kV 配电变压器接地电阻

任务描述

对在运柱上变压器不停电的情况下进行接地电阻测量，具体描述如下。

（1）使用接地电阻测试仪对在运柱上变压器在不停电的情况下进行接地电阻测量。

（2）装设临时接地引线及接地桩，断开接地装置与变压器接地引线的连接。

（3）敷设测量线，探针打入地下，牢固连接测量线和探针，正确将测量线连接接地电阻测试仪。

（4）摇动摇把，同时转动标度盘使指针指到中心线，准确读出表盘数值并乘以倍率。

（5）判断接地阻值是否满足施工质量标准要求。

（6）恢复变压器与接地装置连接，拆除临时接地装置。

（7）该工作任务由单人登杆独立完成，使用全方位安全带。

 操作时限

 操作时限：30min。

 操作要点及其要求

 1. 操作要点

（1）安全工器具、仪器仪表的检查。

（2）装设临时接地引线及接地桩的固定及安全措施。

（3）测量接地电阻步骤清晰，读数准确。

（4）恢复变压器与接地装置连接牢固可靠。

2. 操作要求

（1）安全工器具（脚扣、安全带）应由有资质的单位出具的检验周期标签，脚扣无变形，橡胶无开裂或磨损严重，小爪活动灵活，脚扣带无破损，松紧适度。安全带部件齐全无开丝断股，铆钉无严重磨损，扣环保险有效且活动灵活。

（2）施工工具外观无破损，锤柄与锤头连接牢固无松动。

（3）仪器仪表（接地电阻测试仪）应由有资质的单位出具检验周期内的标签，外观无破损，部件齐全，摇把及旋钮灵活，对仪表进行静态调零和动态调零。测量线完整无破皮。

（4）装设临时接地桩距原接地极 5m 以外，临时接地引线连接牢固可靠，断开接地装置与变压器接地引线的连接应戴绝缘手套。

（5）敷设测量线在一直线上，间距 20m，测量线无互绞，探针打入地下不小于 0.5m。

（6）接线正确，测量接地电阻步骤清晰，读数准确。

准备工作

1. 项目场地要求

（1）现场架设柱上变压器（315kVA）一台。

（2）变压器接地齐全，临时接地桩已安装完毕。

2. 项目设备要求

无。

3. 项目工具要求

（1）接地电阻表。

错 误 外观破损

正 确 外观无破损

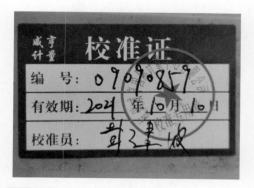

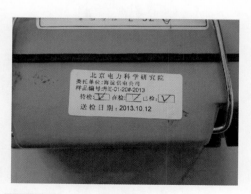

正 确 在检验周期内

错 误 未在检验周期内

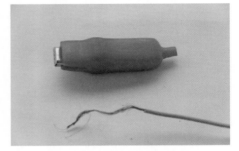

正　确 测量线外观无破损　　　　**错　误** 测量线外观破损

正　确 仪表静态调零　　　　**错　误** 仪表静态未调零

正确 仪表动态调零

错误 仪表动态未调零

正确 表计接线正确将探针引线依次接在电表 C1、P1、P2、C2 四个端钮上；

C 为电流检测端子，P 为电压检测端子；

电流、电压检测极端钮与探针检测电极一致

错误 表计接线不正确

正确 根据测量情况正确选择倍率挡位

错误 根据测量情况，选择倍率挡位不正确

（2）皮尺。

正确 刻度清晰

错误 刻度不清晰

（3）手锤。

正确 锤头与锤柄连接牢固

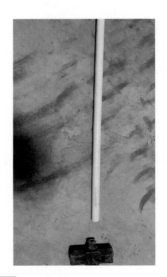

错误 连接不牢固

（4）钎子。

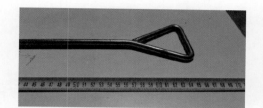 

正 确 长度满足使用要求　　　　　**错 误** 长度不满足使用要求

（5）扳手。

正 确 无损坏　　　　　**错 误** 损坏

（6）脚扣。

具体操作步骤详见本书公共部分内容。

（7）全方位安全带。

具体操作步骤详见本书公共部分内容。

（8）传递绳。

具体操作步骤详见本书公共部分内容。

（9）绝缘手套。

具体操作步骤详见本书公共部分内容。

（9）绝缘手套。

具体操作步骤详见本书公共部分。

 4. 项目材料要求

（1）临时引线。

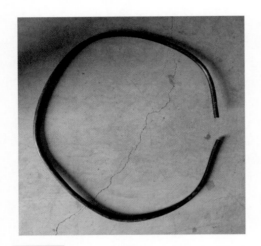

正 确 外观无破损

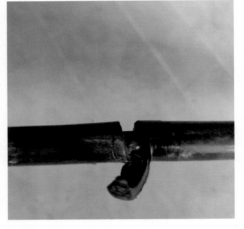

错 误 外观破损

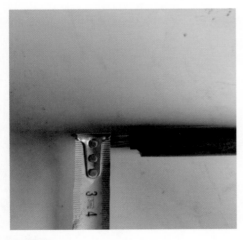

正 确 铜引线截面不小于 25mm^2

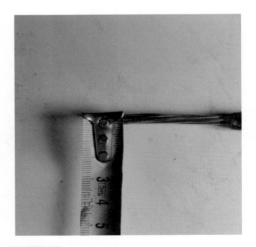

错 误 铜引线截面小于 25mm^2

（2）并沟线夹。

正 确 外观无锈蚀、无毛刺

错 误 外观锈蚀、毛刺

正 确 部件齐全

错 误 部件不齐全

（3）自固化绝缘包材。

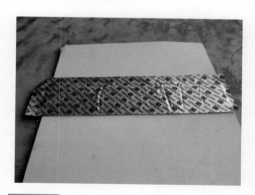

正 确 使用时打开包装，严禁提前打开

错 误 提前打开，导致不能使用

危险点及安全措施

 1. 危险点描述

序号	危险点	描　　述
1	触电	误登带电杆塔造成人员直接触电或感应触电
		未与带电部位保持足够的安全距离而直接触电或感应触电
2	高摔	人员失去安全保护，由高处坠落
		脚扣打滑，人员由高处顺杆滑落
3	物品坠落	工具材料由高空坠落
4	倒杆	埋深不足或裂纹严重，造成电杆倾倒
		拉线受损、大幅度晃动造成电杆倾倒

 2. 安全措施

（1）针对触电采取的安全措施如下：

1）带电、近电作业现场必须设立专责监护人。

2）核对路名、色标、杆号正确无误。

3）解开或恢复接地线时，应戴绝缘手套，测量时严禁接触或断开接地线。

4）与带电部位保持足够的安全距离。

（2）针对高摔采取的安全措施如下：

1）登杆前对脚扣、安全带做冲击检查试验。

2）登杆第一步开始全程使用安全带，不得失去安全保护。

3）到达工作位置后应先系好后备保护绳。

4）登杆过程防止脚扣打滑。

5）安全带及后备保护绳不应低挂高用。

6）穿越障碍时不得失去安全保护。

7）不得使用单只脚扣工作。

（3）针对物品坠落采取的安全措施如下：

1）上下传递物品应使用传递绳。

2）工具、材料未固定牢固前不得失去绳索保护。

3）绳索系扣正确。

4）工具材料接触地面时应轻缓。

5）工作现场应装设围栏，设警示牌。

（4）针对倒杆采取的安全措施如下：

1）登杆前检查电杆无横纵向裂纹，埋深满足要求。

2）检查拉线受力正常。

3）地面检查杆上设备无松动。

 项目操作步骤

 1. 具体操作步骤

（1）**登杆前检查。**

具体操作步骤详见本书公共部分内容。

（2）**登杆作业。**

具体操作步骤详见本书公共部分内容。

（3）到达作业位置。

正 确 选择作业位置合理

错 误 选择作业位置不合理，与带电部位安全距离不足

正 确 做好后备保护

错 误 未做后备保护

正 确 作业侧为承重腿且在下

错 误 作业侧承重腿在上

（4）工具传递。

正 确 将传递绳固定在可靠位置

错 误 传递绳固定在身上

正　确 传递绳无缠绕

错　误 传递绳缠绕

正　确 先固定工具再解开传递绳

错　误 未固定工具先解开传递绳

（5）连接临时接地桩。

正确　佩戴绝缘手套

错误　未佩戴绝缘手套

正确　安装引流线

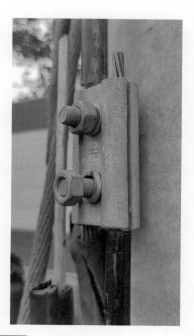

错误　两端线夹连接不牢固

正　确　解开变压器原有接地端

错　误　未与临时接地引线保持一定距离

（6）表计接线。

正　确　两根探针与表计应在一条直线上

错　误　两根探针与表计布置不在一条直线

正 确 探针相隔 20m

错 误 探针相隔不足 20m

正 确 探针打入地下不小于 0.5m

错 误 探针深度不满足规定

正 确 测试线应平直

错 误 测试线有弯曲

正 确 使用手锤时不得戴手套

错 误 使用手锤时戴手套

正 确 引线与探针、仪表端钮连接牢固

错 误 连接引线与接地钎子、仪表端子连接脱落

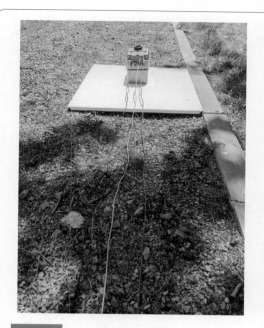

正 确 引线不得相互扭绞	**错 误** 同侧电流、电压检测端子连接线在布线过程中发生相互扭绞

（7）测量与计算。

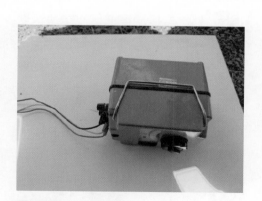

正 确 仪表摆放在平整干燥的地方	**错 误** 仪表摆放不稳、歪斜

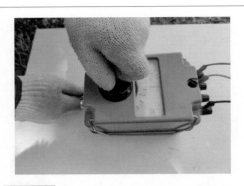

正确 先将倍率钮置于最大位置，慢摇摇把，根据表针指示情况，选择适当的倍率

错误 倍率选择错误，造成测量出现数据误差

正确 均匀摇动摇把，使转速达到120r/min，同时转动标度盘使指针指到中心线；待指针稳定1min后读取表示数，建议遥测3次取平均值

错误 摇表转速不符合标准，读取表示数时摇表工作小于1min，在观察表示数时，眼睛与表中心线及地面不在垂直线上，造成的测量数据偏差

正确 准确读出表盘数值并乘以倍率；记录电阻值

错误 读取表示数未与倍率相乘，造成测量数据错误

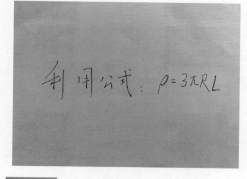

正 确 按测得值 "R" 计算土壤电阻率 ρ 为

$$\rho=2\pi RL$$

式中　L——两个探头之间的距离；

　　　R——中间两个探头之间的接地电阻。

汇报测量结果

错 误 使用不正确的公式进行电阻率的换算，计算错误

正 确 拆除仪表接线及接地钎子

错 误 未正确回收测量线及接地钎子

（8）带电恢复原变压器与接地装置的连接，拆除临时接地装置。

正　确　佩戴绝缘手套

错　误　未佩戴绝缘手套

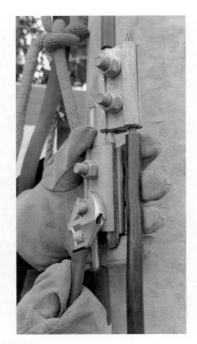

正　确　恢复原接地端

错　误　接地端松动不牢固

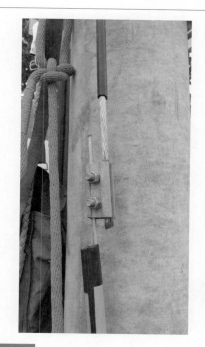

正 确 拆除临时接地引线

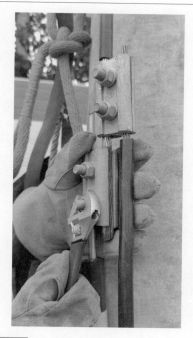

错 误 未拆除临时接地引线

正 确 使用自固化绝缘包材压半边缠
绕两层，恢复绝缘

错 误 未使用自固化绝缘包材未压半
边缠绕两层

| 正确 将材料工器具传至地面 | 错误 人员手持或背下杆 |

 2. 工作完毕后回检

具体操作步骤详见本书公共部分内容。

回检。

| 正确 调整引线整齐 | 错误 未调整引线 |

正 确 杆上无遗留工具、材料　　　**错 误** 杆上有遗留工具、材料

 七 项目收尾工作

 1. 设备复原

无。

 2. 工具复原

正 确 工具应分类放置、码放整齐，检查工具有无损坏，清点工具有无遗漏或丢失　　　**错 误** 工具没有分类放置、码放整齐，未检查工具有无损坏，未清点工具有无遗漏或丢失

3. 现场清理

正　确 工具、材料分类摆放，场地整洁

错　误 现场凌乱

10 操作项目

GJ-70mm^2 拉线的悬挂及 UT 线夹制作

任务描述

GJ-70mm^2 拉线的悬挂及 UT 线夹制作，具体描述如下：

（1）将已制作好上把的拉线按照施工质量标准悬挂。

（2）使用紧线器收紧拉线并制作 UT 线夹。

（3）正确使用安全工器具；不发生人身伤害和设备损坏事故。

（4）该工作任务由单人登杆独立完成，上杆操作过程不得失去后备保护。

（5）登杆工具应在检验周期内，使用全方位安全带。

 操作时限

 操作时限：45min。

 操作要点及其要求

 1. 操作要点

（1）安全工器具、操作工具的检查。

（2）弯曲钢绞线及放入 UT 楔板并拉紧至楔形入位的安装。

（3）钢绞线断头绑扎是否牢固。

（4）钢绞线与线夹舌板接触吻合紧密。

（5）尾线绑扎。

2. 操作要求

（1）安全工器具（脚扣、安全带）应由有资质单位出具的检验周期标签。脚扣无变形、橡胶无开裂或磨损严重、小爪活动灵活、脚扣带无破损且松紧适度。安全带部件齐全无开丝断股、铆钉无严重磨损、扣环保险有效且活动灵活。

（2）施工机具（紧线器、卡线器、钢丝绳套）外观无破损，部件齐全，转轴灵活。棘轮紧线器制动有效，钢丝绳无断股或严重挤压变形，吊钩无磨损且保险有效。卡线器钳口无磨平，转轴灵活。

（3）穿入楔型线夹方向正确，尾线在线夹凸肚侧。

（4）收紧紧线器后，查看电杆倾斜位置不得大于1个半杆稍。

（5）绑扎后靠近端头侧最后一圈扎线距线端50mm，小辫合格且压平、位于两线中间。

 四 准备工作

 1. 项目场地要求

如室内室外场地，线杆的要求，场地空间要求等。

现场架设线路1基，采用φ190×12m电杆，杆型为终端杆，拉线盘已埋好。

 2. 项目设备要求

（1）工作点两侧控制的开关、断路器、熔断器或隔离开关已拉开并悬挂"禁止合闸，线路有人工作"标识牌。

（2）工作点应在地线保护范围内。

（3）制作拉线上方无交叉跨越。

3. 项目工具要求

（1）紧线器。

正　确 吊钩、链条、传动装置及刹车
装置良好

错　误 部件缺失

正　确 克拨灵活，制动有效

错　误 克拨失灵，不能有效收紧链条

正　确 吊钩封口完好可靠

错　误 否扣失灵，易在成所钩物品脱落

（2）卡线器。

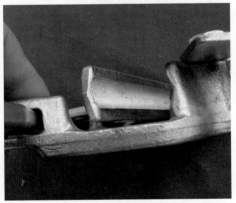

错 误 使用裸导线卡线器，不能加持
绝缘导线，易跑线

正 确 卡线器钳口无磨平，可有效加
持绝缘导线

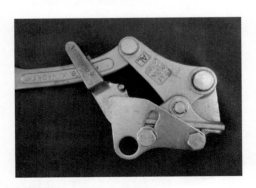

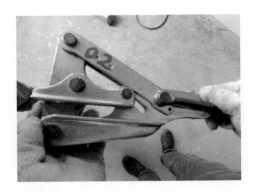

正 确 使用的卡线器正确

错 误 选择的卡线器不正确

（3）承力绳套。

正 确 钢丝绳无断股、灼伤或磨损严重。承力绳套无断股、断丝

错 误 钢丝绳有断股、灼伤或磨损严重，承力绳套有断股、断丝在受力后容易断裂

（4）断线钳。

正 确 断线剪的刀口刀刃应对口完整，以保证剪切钢绞线顺利

错 误 刀刃受损或不对对口，不应以此剪短钢绞线，易造成钢绞线散股

（5）木锤。

正 确 木柄手柄完好，锤头无破损且无松动

错 误 锤柄损伤松动，锤头缺损，影响线夹的安装，且已造成锤头飞出伤人

（6）钢卷尺。

正 确 刻度清晰、外观无破损

错 误 刻度模糊，测量精度不准确

（7）记号笔。

正 确 外观无破损、墨水充足

错 误 外观破裂，墨迹模糊

4. 项目材料要求

（1）已制作好上把的拉线。

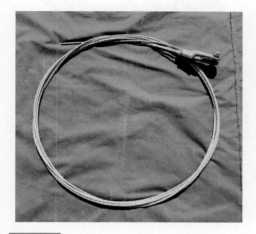 

正 确 无断股，锈蚀，缺损　　　　　**错 误** 变形锈蚀

（2）UT 线夹。

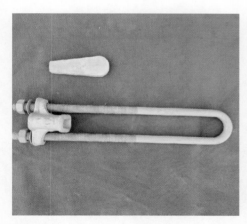 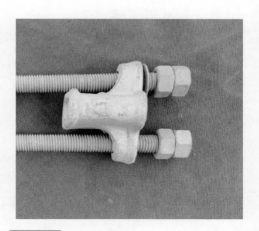

正 确 UT 楔形线夹镀锌良好、螺丝口完好不卡涩，匹配钢绞线　　　**错 误** UT 线夹配件缺失，与钢绞线不匹配

（3）绑扎线。

正 确　镀锌完好　　　　　错 误　有腐蚀

 五　危险点及安全措施

 1. 危险点描述

（1）高摔：

1）人员失去安全保护，由高处坠落。

2）脚扣打滑。人员由高处顺杆滑落。

（2）物品坠落：

工具材料由高空坠落。

（3）倒杆：

1）埋深不足或裂纹严重，造成电杆横线路倾倒。

2）大幅度晃动造成电杆倾倒。

3）过度收紧钢绞线，导致电杆被拽倒。

 2. 安全措施

（1）针对高摔采取的安全措施如下：

1）安全带及后备保护绳不应低挂高用。

2）穿越障碍时不得失去安全保护。

3）不得使用单只脚扣工作。

（2）针对物品坠落采取的安全措施如下：

1）上下传递物品应使用传递绳。

2）工具、材料未挂牢前不得失去绳索保护。

3）绳索系扣正确。

4）工具材料接触地面时应轻缓。

（3）针对倒杆采取的安全措施如下：

1）登杆前检查电杆无横纵向裂纹，埋深满足要求。

2）检查拉线受力正常。

3）收紧导线时不应过牵引。

4）卡线器安装完毕应检查安装情况，防止跑线造成倒杆。

 六 项目操作步骤

 1. 具体操作步骤

（1）拉线绳扣。

正 确 传递绳系拉线的绳扣正确

错 误 绳扣不正确，提升过程易造成脱落

（2）登杆到达作业位置。

正 确 选择作业位置合理，肩部应与杆头水平

错 误 作业位置过低，不易安装拉线，且有坠落危险

正 确 后备保护应在安全带之上

错 误 后备保护在安全带之下

| 正 确 作业侧为承重腿且在下 | 错 误 作业侧承重腿在上 |

（3）拉线的传递与悬挂。

| 正 确 楔形线夹的鼓肚侧应在上 | 错 误 楔形线夹鼓肚朝下 |

正　确　楔形线夹螺栓方向与抱箍穿钉方向一致

错　误　楔形线夹穿钉方向与抱箍穿钉方向不一致

正　确　安装弹簧销

错　误　未安装弹簧销

（4）工作过程及标准。

正　确　在地锚上安装钢丝绳套，且与地锚接触部分应有防磨措施

错　误　钢丝绳与拉线棒无防磨措施，损伤镀锌层

正 确 紧线器链条预留长度满足制作 UT 线夹要求

错 误 紧线器链条预留长度不足，影响后期 UT 线夹的制作

正 确 将卡线器卡在钢绞线上，并封口

错 误 卡线器未封口

正　确　收紧紧线器

错　误　拉线收紧不足

正　确　检查电杆应向拉线侧倾斜，以满足电杆受到导线拉力后而正直

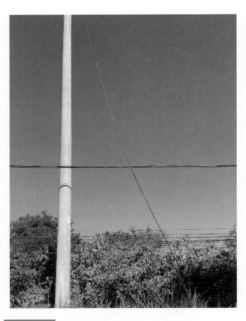

错　误　未检查电杆倾斜情况

正 确 将 UT 楔形线夹的 U 箍穿过
地锚环，通过楔块确定钢绞线
弯曲位置，并做好标记

错 误 楔块比对错误，且未做标记

正 确 一手正手攥住预弯钢绞线标记处，另一手反手攥住钢绞线的尾端，进行钢绞线的弯制

错 误 攥臂力器方式攥钢绞线

正 确 收紧反手攥钢绞线的手臂，弯曲钢绞线，使标记处在弧顶位置

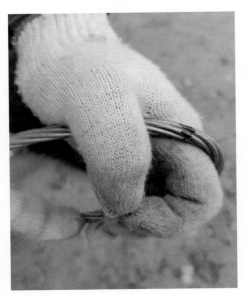

错 误 标记未在弧顶，造成钢绞线露出楔形线夹过长或过短

正　确 钢绞线弯曲时应抓紧握实

错　误 钢绞线弯曲时未抓握紧实回弹划伤身体

正　确 将钢绞线尾端在主线两侧反复弯曲调整至尾线与主线在一平面上

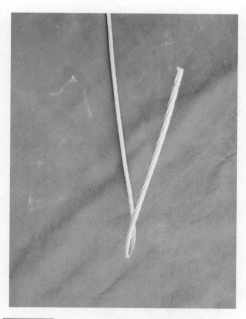

错　误 尾线与主线形成螺旋状

正 确 将钢绞线尾线由线夹平口穿入，再由平口返出

错 误 未由平口进出

正 确 将钢绞线尾线穿出时应在鼓肚侧

错 误 钢绞线尾线穿出位置错误

正 确 将钢绞线尾线穿入楔形线夹，确保尾线在鼓肚侧

错 误 钢绞线尾线未在楔形线夹鼓肚侧，钢绞线未顺向受力

正 确 为防止破坏镀锌层，应使用木锤敲击且不得戴手套

错 误 使用金属物敲击，破坏镀锌层。使用手锤时戴手套，容易脱手

正 确 使用木锤时不得戴手套，防止飞锤伤人

错 误 使用手锤时戴手套

正 确 钢绞线与楔板接触紧密无缝隙

错 误 钢绞线与楔板接触不紧密，有缝隙

正 确 将线夹安装在U形箍上，并安装好平垫圈

错 误 未加平垫圈

正 确 U 形箍两丝杆上均安装背母，并拧紧

错 误 未安装背母

正 确 楔块应处于 U 形箍正中

错 误 楔块在 U 形箍之间位置偏

正 确 U 形箍双螺母紧固后，螺丝口处需外漏 20～30mm 距离

错 误 螺丝口处需外漏距离不符合要求

正 确 根据 UT 线夹长度，确定拉线预留，做好标记，对剪切点两侧用金属丝绑扎

错 误 切断钢绞线未绑扎，或绑扎不规范

正 确 尾线与主线正确绑缠 40mm±2mm

错 误 尾线与主线绑缠长度不满足要求

正 确 尾线与主线正确绑缠无鼓肚、缝隙

错 误 尾线与主线绑缠有鼓肚、缝隙

正 确 绑扎后靠近端头侧最后一圈扎线距线端 50mm，小辫合格且压平、位于两线中间

错 误 绑扎后靠近端头侧最后一圈扎线距线端间距不符合要求

正 确 制作完毕，尾线与主线应平直，无变形，且无镀锌损伤

错 误 尾线与直线扭绞，影响绑扎紧密程度

 2. 工作完毕后回检

（1）杆上无遗留。

（2）拉线松紧适度。

回检。

正　确　杆上无遗留，拉线制作完毕　　　　**错　误**　杆上遗留电工钳子

七 项目收尾工作

1. 设备复原

无。

2. 工具复原

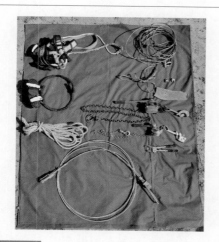

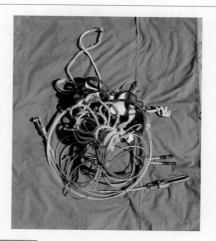

正　确　工具应整理并分类放置　　　　**错　误**　工具未整理，且未分类摆放

3. 现场清理

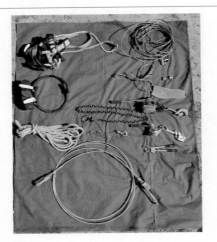

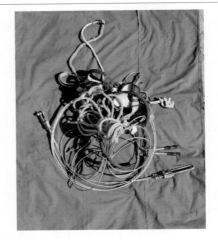

| 正 确 | 工具、材料分类摆放，场地整洁 | 错 误 | 现场凌乱，材料满地 |

重点难点

| 正 确 | 拉线尾线出线穿出方向 | 错 误 | 尾线应从凸肚处穿出 |

正 确 钢绞线与楔板接触紧密无缝隙　　**错 误** 钢绞线与楔板接触不紧密，有缝隙